# 干式电抗器运检技术

国网宁夏电力有限公司电力科学研究院　组编

中国电力出版社
CHINA ELECTRIC POWER PRESS

## 内 容 提 要

本书对电抗器基本知识进行介绍,详细阐述了干式电抗器结构、工作原理及运检技术,介绍了基于可听声学的干式电抗器故障诊断方法,最后对大量典型案例进行分析,对于故障发生的概况、现场检查、事故原因进行了详细阐述及分析,以便吸取事故教训,减少故障发生。

本书可供从事电抗器设备运维、检测、检修、管理人员使用,也可供电抗器研究、设计开发、工程实践人员学习参考。

**图书在版编目(CIP)数据**

干式电抗器运检技术 / 国网宁夏电力有限公司电力科学研究院组编 . —北京:中国电力出版社,2022.9
ISBN 978-7-5198-6991-5

Ⅰ.①干… Ⅱ.①国… Ⅲ.①电抗器 - 运行②电抗器 - 检修 Ⅳ.① TM47

中国版本图书馆 CIP 数据核字(2022)第 144296 号

出版发行:中国电力出版社
地　　址:北京市东城区北京站西街 19 号(邮政编码 100005)
网　　址:http://www.cepp.sgcc.com.cn
责任编辑:陈　丽
责任校对:黄　蓓　王海南
装帧设计:张俊霞
责任印制:石　雷

印　　刷:三河市万龙印装有限公司
版　　次:2022 年 9 月第一版
印　　次:2022 年 9 月北京第一次印刷
开　　本:710 毫米 ×1000 毫米　16 开本
印　　张:8.5
字　　数:126 千字
印　　数:0001—1000 册
定　　价:48.00 元

# 编　委　会

　　导线通电时会在其周围空间产生磁场，然而通电长直导线的电感较小，产生的磁场不强，因此实际应用中通常将导线绕制成螺线管形式以增强其电感，称空心电抗器。有时为了进一步增强螺线管的电感性能，会在其中插入铁芯组成铁芯电抗器。常见的电力电抗器按照冷却介质可分为干式电抗器、油浸式电抗器两类，按接线方式可分为串联电抗器、并联电抗器两类，按具体用途可分为限流电抗器、滤波电抗器、平波电抗器、功率因数补偿电抗器、消弧线圈、谐振电抗器等，电抗器对于交流系统无功补偿及滤除谐波，以及直流系统限制故障电流、平抑直流纹波、抑制换向失败均具有重要作用。

　　近年来，随着电抗器在电网中的装用量逐年增长及长期运行，实际运行中不断出现各类故障，如由于绝缘受潮、局部放电电弧、局部过热绝缘烧损等造成线圈匝间绝缘击穿故障，电抗器漏磁造成绝缘支柱金属底座、接地网、螺栓、周围金属构架等组部件发热缺陷，以及干式空心电抗器结构件松动、内部裂纹、谐波异常等导致的异响等，各类缺陷或异常如未及时发现或处理，进一步发展甚至引发设备损毁等事故，严重威胁电网安全。从实际情况来看，传统的红外热像、紫外成像等带电检测技术，对于识别干式电抗器表面放电、发热缺陷具有较好的检测效果，但对于电抗器内部缺陷缺乏有效的监测预警手段。国内外的众多电气领域研究人员根据实际生产需要，在干式电抗器不停电检测方面不断开展研究，促使检测技术水平不断提升，形成了电气、化学、光学、声学等多位一体的检测新格局，基于不停电检测的设备状态评价与诊断新方法层出不穷，通过现场实测与后期的评价诊断发现了许多设备潜伏性缺陷，有效避免了很多故障的发生。

　　本书对电抗器基本知识进行介绍，详细阐述了干式电抗器结构及工作原理。介绍了电抗器运检要点，总结了干式电抗器常见故障类型，介绍了干式电抗器各类故障诊断检测技术和发展现状。以声学可视化故障检测技术为背景，结合干式电抗器的结构特点和声场特性，详细介绍了实现基于声信号可视化的干式电抗器故障检测技术的关键环节，包括干式电抗器振动特性、现场可听声信号获取、声学传感器选型和布置方案，分析了各类机械故障、绝缘缺陷的声学特性，并介绍了基于可听声学的干式电抗器故障诊断方法。最后对大量典型案例进行分析，对于故障发生的概况、现场检查、事故原因进行了详细阐述，以便帮助一线运检人员深入理解电抗器工作原理，掌握电抗器运检技术，了解电抗器常见故障现象、故障原因及处理策略，提高故障处理效率，避免设备损坏造成经济损失。

本书由国网宁夏电力有限公司电力科学研究院和湖北工业大学共同编写完成。由于时间仓促，书中难免有不妥之处，欢迎读者批评指正。

作　者

2022 年 8 月

# 1 干式电抗器工作理论

## 1.1 干式电抗器分类及结构

电抗器的分类方法有很多，可按照产品的用途分为并联电抗器、串联电抗器等，按照结构形式可以分为铁芯电抗器、空心电抗器，按照绝缘介质可以分为油浸电抗器、干式电抗器，按照相数可以分为单相电抗器、三相电抗器等。本书根据电抗器的结构形式并且以干式电抗器为对象，分别介绍了干式铁芯电抗器和干式空心电抗器的相关内容。

### 1.1.1 干式铁芯电抗器

干式铁芯电抗器可以抑制谐波电压放大，减小系统电压波形畸变，避免电容器受损，限制并联电容器的合闸涌流以满足电容器标准的要求，与电容器组一起组成谐波回路起特定谐波的滤波作用，抑制输电线路轻负荷时由于线路容性无功造成的线路末端电压升高，且能够减小系统接地故障时的潜供电流，有利于消除发电机自励磁等。

铁芯电抗器主要是由铁芯和线圈组成的（见图 1-1）。铁芯构成电抗器的磁路，在铁芯电抗器中的铁芯柱是带间隙的，其磁阻主要是取决于气隙的尺寸。由于气隙的磁化特性基本是呈线性的，所以铁芯电抗器的电感不取决于外在的电压和电流，而取决于其自身的结构参数。

干式铁芯电抗器是以闭合的铁芯为磁路，其中铁芯带有一定长度的气隙，铁芯外面套绕组。铁芯材料通常采用高矽片（如 30Q140、30Q130）、中矽片（35WW270、300 等），厚度通常为 0.35mm、0.3mm、0.27mm。图 1-1 分别为单相与三相铁芯电抗器的铁芯结构。由于铁磁材料的导磁性能比空气高很多，所以相同容量的铁芯电抗器比空心电抗器体积小很多，一般只有 1/5 左右。但由于磁性材料存在饱和现象，当磁密超过一定值后，铁芯饱和，电感将会降低，所以一般干式铁芯电抗器的磁密选取比同容量变压器的磁密要低许多。干式铁芯电抗器采用空气和环氧树脂复合绝缘的形式，因体积小、对周围环境电磁干扰小、绝缘耐热等级高、阻燃、防爆、免维护、寿命长等优点，得到了广泛的应用。

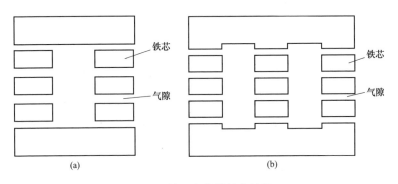

图 1-1　铁芯电抗器铁芯结构

（a）单相电抗器铁芯；（b）三相电抗器铁芯

　　干式电抗器的铁芯是通过将铁芯柱分成若干个铁饼、在铁饼之间用非磁性材料隔开来实现的。铁饼为圆饼状结构，因为衍射磁通含有较大的横向分量，所以将在铁芯和线圈中引起极大的附加损耗，为了减小衍射磁通，需要将整体气隙用铁芯饼划分成若干小气隙，其高度为 50~100mm。与铁轭相连的上下铁芯柱的高度应该大于铁芯饼的高度。铁饼的叠片方式根据磁通密度、磁通量以及生产工艺性综合考虑来确定，通常有平行阶梯状叠片、渐开线状叠片和辐射状叠片三种，如图 1-2 所示。

　　（1）平行叠片。其叠片方式与一般变压器相同，每片中间冲孔，用螺杆、压板夹紧成整体，适用于较小容量的电抗器。

　　（2）渐开线状叠片。其叠片方式与渐开线变压器的叠片方式相同，中间形成一个内孔，外圆与内孔直径之比为 4：1 至 5：1，适用于中等容量的电抗器。

　　（3）辐射状叠片。其叠片方式为硅钢片由中心孔向外辐射排列，适用于大容量电抗器，且因为硅钢片之间没有拉螺杆和压板加紧，所以必须要借助其他方式进行固定。在干式变压器类电抗器中，绕组与铁芯、夹件、绕组之间以及绕组中匝间、层间等部位的粘接和绝缘主要使用高（中）分子材料（如环氧树脂、双 H 胶），此外，还被用于铁芯饼、柱的粘接和浇注。在铁芯饼浇注中，高分子材料除了填充硅钢片之间的间隙外，还将硅钢片的铁损产生的热量通过热传导作用传递到铁芯外表面。

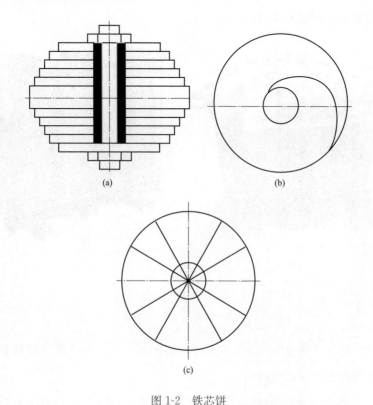

图 1-2　铁芯饼

（a）平行叠片；（b）渐开线状碟片；（c）辐射状碟片

饼间非磁性材料采用圆片状高硬度、不同厚度的平面固体材料。为保证铁芯在运行过程中不振动和错位，将视铁饼柱的大小和叠片形式采用环氧树脂粘贴、玻璃布带绑扎固定或环氧树脂高温固化整体刚性成形固定。

小容量产品铁饼采用阶梯状叠片方式，铁轭采用倒凸字形轭结构，铁芯和铁轭之间采用拉紧螺杆轴向拉紧，绕组采用圆筒式结构，如图 1-3（a）所示，出线方式有螺母出线和铜排出线两种，工作电流大时多采用铜排出线。

大容量产品铁饼采用辐射状或渐开线状叠片方式，铁轭采用一字轭结构，由辅助拉杆或浸透树脂高温固化后的绝缘无纬带轴向拉紧,绕组采用多风道圆筒式结构。如图 1-3(b) 所示,风道内外曲折连接以降低风道间电压。由于大容量产品一般电流较大,导线截面积及并绕根数较多,在设计时,应充分考虑产品的绝缘结构,使绕组内电场均匀分布,借以减少局部放电量。一般干式铁芯电抗器多数采用这种铁饼。

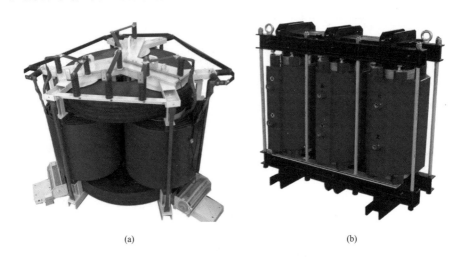

(a)　　　　　　　　　　　　　　　　(b)

图 1-3　干式铁芯电抗器铁轭结构

(a) 凸字形布置结构;(b) 一字形布置结构

干式铁芯电抗器基本构造按铁芯结构的不同又可分为铁芯中带有非磁性间隙(即有间隙)和铁芯无间隙。

(1) 带间隙的铁芯电抗器。铁芯中带有非磁性间隙的铁芯电抗器有并联电抗器、串联电抗器、消弧线圈、起动电抗器及滤波电抗器等。基本构造是绕组由树脂与玻璃纤维复合固化绝缘材料浇注成形、以空气为复合绝缘介质、以含有非磁性间隙的铁芯和铁轭为磁通回路。干式铁芯电抗器的主要组成部分是铁饼和气隙、铁轭和绕组,结构示意图如图 1-4 所示。

(2) 无间隙的铁芯电抗器。铁芯铁芯采用同干式变压器铁芯一样的、无间隙的这一类干式铁芯电抗器,典型的有平衡电抗,其外形结构如图 1-5 所示。可以明显看到其铁芯之间是紧密贴合在一起的,这与变压器的铁芯相似。平衡电抗器结构为单相式,连接在两个整流电路之间,其作用是使两组电压相位不同的换相组整流电路能够并联工作。由于其所接负载的电流值通常很大，因而一般采用铜箔绕制，每柱绕两绕组，一柱的内绕组与另一柱的外绕组串联，剩余两绕组串联。要求工作时，铁芯中直流磁势几乎没有，只有两组不同的换相组电压差产生的交流磁势。

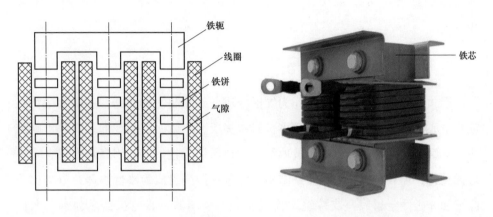

图 1-4  干式铁芯电抗器结构示意图        图 1-5  平衡电抗器外形结构

干式铁芯电抗器的线圈通常采用饼式与圆筒式（见图 1-6）两大类。

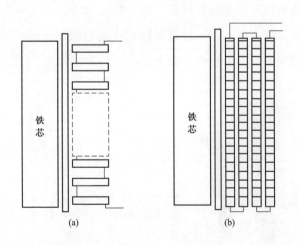

图 1-6  线圈类型

（a）饼式线圈；（b）圆筒式线圈

若干个用扁铜线绕制成的线饼组成饼式绕组，线饼间有垫块，以形成饼间绝缘及油（气）道，对绕组的散热很有效。但是由于饼间的导线需跨层或焊接，所以这种绕制方式通常用于 35kV 以上的绕组中。

圆筒式绕组的结构有单包封和多包封两类形式。单包封多用于小容量铁芯串联电抗器，多包封圆筒式绕组的绕制工艺较为简单，且不受容量限制，还可以根据各层导线规格匝数不同，使各层导线对轭间具有不同的绝缘距离。

## 1.1.2 干式空心电抗器

干式空心电抗器是以空气作为导磁介质，无限制性磁回路，其最大的特点就是空心。空心电抗器绕组采用多包封、多层、小截面圆铝线的多并联支路结构，其绕组包封采用环氧树脂玻璃纤维材料增强绕包，端部用高强度铝合金星形架夹持、环氧玻璃纤维带拉紧结构，使电抗器绕组成为刚性整体。以支柱绝缘子和非磁性金属底座支撑绕组完成安装。早期的空心电抗器多为水泥电抗器，因其绝缘耐热等级低、易开裂以及损耗大、占地面积大、安装使用不便等原因，逐渐被淘汰；随着树脂材料的广泛运用，现在的干式空心电抗器几乎全部是以高强度的玻璃纤维加环氧树脂为复合绝缘的结构；由小截面圆铝线，多层、多包封、多并联支路绕制，环氧树脂浇注高温固化成形。图 1-7 为空心电抗器实物图与结构图，其结构特点如下：

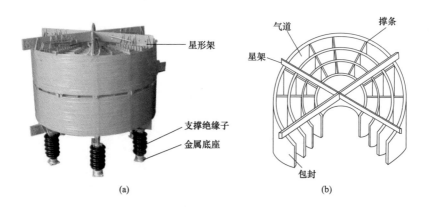

图 1-7　空心电抗器实物图与结构图

（a）实物图；（b）结构

（1）绕组使用性能优良的电磁铝线；不同绕制半径的各支路之间并联连接，匝数接近，层间电压极低、相应部位几乎等电位，电场分布理想，保证了绕组较高的运行可靠性。

（2）采用外加环氧树脂玻璃纤维来增强绕组包封、端部用高强度铝合金星形架夹持、整体玻璃纤维带拉紧等结构，通过干燥浸胶工艺固化成型，使之成为一个坚固的复合体。因此，电抗器具有极高的机械强度。

（3）绕组采用多并联支路设计，每个支路又由多根相同的导线并联绕制；数个支路并联叠绕组成一个包封，数个包封并联组成一个绕组，包封与包封之间安排有散热风道。为了均衡分配电流及合理散热，采取了"等电阻电压法"设计，建立电压方程式计算每层每匝的自感及匝与匝之间的互感，计算层与层之间的互感，从而总体计算出绕组的电感、绕组的温度分布；通过调整每个包封参数，重复上述计算过程，不断地迭代，最终设计出一个科学合理的方案。

（4）空心电抗器多为单相，经过组合而成三相电抗器组，所以在组合的时候有三种排列方式，不同的排列方式其互感也不同，因此对绕组的绕向和匝数的要求也不同。图 1-8 为干式空心电抗器三相排列方式。

此外，因为干式电抗器多为户外运行，其绝缘性能会不可避免受到气候因素影响。为了提升干式空心电抗器的耐气候老化性能，降低自然环境中污秽、雨水、紫外辐射等因素对电抗器的绝缘性能影响，干式空心电抗器后期设计逐渐增加防雨罩、包封保护层等组件来延缓老化，如图 1-9 所示。

包封表面、防雨罩表面常喷涂特制绝缘漆、憎水性 RTV 涂料等来减缓紫外老化作用、增强耐污性能。随着干式空心电抗器设计的电压等级提升、包封通流密度增大，作用在包封上的时变洛伦兹力导致电抗器结构辐射噪声水平不断接近甚至超过噪声限值要求。为了抑制干式空心电抗器的噪声水平，满足环境保护要求，干式空心电抗器采用装配隔声罩、消声器等组件来抑制电抗器的可听噪声水平。虽然装配隔声罩、消声器等降噪措施能有效降低干式空心电抗器的噪声水平，但对电抗器本体的通风散热及温升限制等提出了新的问题。高电压等级的干式空心电抗器为了抑制其电晕水平，常采用环形非闭合均压环对场强集中区域进行强制均压，改善电场分布。

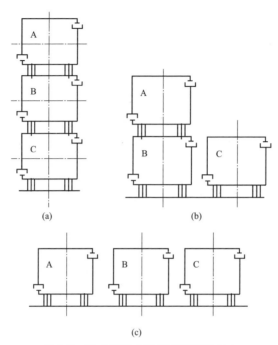

图 1-8　干式空芯电抗器三相排列方式

（a）垂直排列；（b）两相重叠一相并列；（c）水平排列

此外，在特殊地区如鸟害严重地区，干式空心电抗器在安装防雨罩的基础上，新增了镂空式防鸟格栅，以防止鸟类进入电抗器内部造成潜在的安全隐患，图 1-10 就是安装镂空防鸟栏的干式空心电抗器。

图 1-9　安装防雨罩的电抗器

图 1-10　安装镂空防鸟栏的
干式空心电抗器

## 1.2　干式电抗器工作原理及电气特性

### 1.2.1　工作原理

#### 1.2.1.1　铁芯电抗器

（1）等效电路模型。如图 1-11 所示，铁芯电抗器可以等效为含铁芯的非线性电感 $L$，对于线性电感，其电感 $L$ 为定值，即静态电感，其定义为

$$L = \frac{\psi}{i} \tag{1-1}$$

对于非线性电感，其电感 $L$ 为变化的，即动态电感 $L_{\mathrm{d}}$，其定义为

$$L_{\mathrm{d}} = \frac{\mathrm{d}\psi}{\mathrm{d}i} \tag{1-2}$$

含有铁芯的非线性电感元件，因其铁芯由铁磁材料制成，铁磁材料具有磁滞特性，即含铁芯的非线性电感元件的 $\psi$-$i$ 曲线具有回线形状，下面的磁滞回线模型便是用来描述这种特性的模型。

（2）铁芯电抗器的限流补偿功能。磁饱和可控电抗器是饱和铁芯型故障限流器最核心的组成部分，其原理是利用铁磁材料的磁饱和特性，通过外加偏置电流励磁来改变电抗器的感抗大小，进而可以达到故障限流或无功补偿等效果。

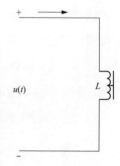

图 1-11　铁芯电抗器
的等效电路模型

饱和铁芯型故障限流器的原理简化图如图 1-12 所示。

饱和铁芯型故障限流器的工作原理是借助于铁芯的磁饱和现象（通过偏置直流的作用来改变铁芯的状态和磁化特性从而改变限流绕组的电抗值大小）来实现限流。

在非铁磁材料中，磁通密度 $B$ 和磁场强度呈正比关系，但铁磁材料的磁感应强度 $B$ 和磁场强度 $H$ 之间则呈非线性关系，当磁场强度逐渐增大时，磁感

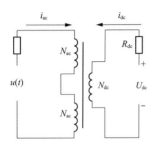

图 1-12  饱和铁芯型故障

限流器原理简化图

$u(t)$—交流电源；$i_{ac}$—交流

回路电流；$i_{dc}$—直流励磁电流；

$R_{dc}$—直流励磁回路总电阻；

$N_{ac}$—交流限流绕组匝数；

$N_{dc}$—直流励磁绕组匝数

应强度 $B$ 将随之增大，曲线 $B=f(H)$ 就称为初始磁化曲线，如图 1-13 所示，初始磁化曲线可以按照其磁化特性分为四部分：开始磁化时，铁磁材料中大部分磁畴随机呈无规律排列，其磁效应互相抵消，对外部不呈现磁特性，此时磁通密度增加得较慢，如初始磁化曲线 $OA$ 段所示。随着外部磁场的增大，铁磁材料中的大部分磁畴开始改变方向，其方向趋同于外磁场，此时的磁感应强度 $B$ 将快速增加，如初始磁化曲线 $AB$ 段所示。在大部分磁畴转向完成后，可转向的磁畴已经不多，$B$ 值增长曲线也呈现平缓的态势，如 $BC$ 段所示，该特性称之为饱和。饱和以后，磁化曲线与非铁磁材料的 $B=\mu H$ 特性几乎为相互平行的直线，如 $CD$ 段所示。

铁芯的绕组是由 $N$ 匝导线构成的线圈。则线圈的磁链为

$$\Psi = N\Phi \qquad (1\text{-}3)$$

式中：$\Phi$ 为单匝导线的磁通量。

结合磁路的欧姆定律可得

$$\Psi = N\Phi = \frac{N(N_{i})}{R_{m}} = L_{i} \qquad (1\text{-}4)$$

式中：$N_i$ 为磁动势；$R_m$ 为磁阻。

代入交流回路的电压方程得

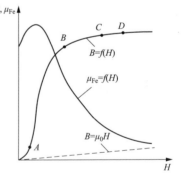

图 1-13  铁芯的磁化曲线和磁导率曲线

$$U = 2\frac{\mu_0 S N_{ac}^2}{l}\frac{\mathrm{d}i_{ac}}{\mathrm{d}t} + (R+R_L)i_{ac} + L\frac{i_{ac}}{\mathrm{d}t} \qquad (1\text{-}5)$$

式中：$S$ 为截面面积；$\mu_0$ 为铁磁材料磁导率；$l$ 为有效磁路长度；$R$ 为铁芯绕组电阻；$R_L$ 为负载电阻；$L$ 为线路电感。

所以稳态运行时，限流器的阻抗为

$$X_0 = 4\pi f\frac{\mu_0 S N_{ac}^2}{l} \qquad (1\text{-}6)$$

当发生系统故障时，假设此时限流器铁芯 A 仍维持在饱和状态，铁芯 B 已经退饱和，磁导率很大，设为 $\mu_1$，则 $\mu_A = \mu_1$，$\mu_B = \mu_0$，此时交流回路的电压方程为

$$U = \frac{\mu_1 S N_{ac}^2}{l} \frac{\mathrm{d}t_{ac}}{\mathrm{d}t} + \frac{\mu_0 S N_{ac}^2}{l} \frac{\mathrm{d}i_{ac}}{\mathrm{d}t} + (R + R_L)_{i_{ac}} + L \frac{l_{ac}}{\mathrm{d}t} \tag{1-7}$$

限流器电抗为

$$X_1 = 2\pi f \left( \frac{\mu_0 S N_{ac}^2}{l} + \frac{\mu_1 S N_{ac}^2}{l} \right) \tag{1-8}$$

结合式（1-8）及 $B$-$H$ 初始磁化曲线可以清楚地理解饱和铁芯型电抗器的工作特性，被动铁芯型限流电抗器的动态磁化曲线如图 1-14 所示，系统稳态运行时，偏置电流作用于限流器时，此时的线路交流和偏置电源直流叠加作用于铁芯，铁芯工作在饱和区，铁芯磁场强度 $H$ 较大而磁导率 $\mu$ 较小，从而使得饱和铁芯故障限流器对外呈现小电抗，几乎不会影响电网的正常运行。当系统发生短路故障时，在短路电流正半周周期时一个交流单绕组侧较大的短路电流产生的磁通与偏置直流产生的磁通相互抵消，使得单侧铁芯退出饱和状态，另一侧的铁芯由于交直流叠加作用，仍处于饱和状态，此时的限流器单侧交流绕组呈现大阻抗状态，对短路电流进行限制，在短路电流负半周周期时另一侧交流单绕组侧较大的短路电流产生的磁通与偏置直流产生的磁通相互抵消，两侧铁芯在正负半波内交替退饱和，完成对短路的电流的限制，但是在限流阶段，如果交流感应电势过大，则与直流磁通处于相互抵消状态的交流绕组会出现铁芯退饱和后进入反向饱和，限流电抗反而减小进而失去限流作用。

当在偏执电流回路串接切除直流电源开关时，该种限流方式被称为主动式限流。当检测到短路故障时将切除直流电源，饱和铁芯的两侧均处于退饱和的状态且对外呈现大阻抗，相比于被动式铁芯型限流电抗器的半波内交替限流，主动式限流的方式将限流阻抗的大小提升了几乎一倍，在达到相同限流效果的同时可以减小限流器的体积，是一种更为有效的限流方式。加入了直流电源切除开关的铁芯型限流电抗器的阻抗为

$$X_2 = 4\pi f \frac{\mu_1 S N_{ac}^2}{l} \tag{1-9}$$

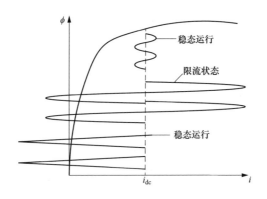

图 1-14 被动铁芯型限流电抗器工作磁化曲线

式中：$f$ 为电源频率；$S$ 为铁芯横截面面积；$N_{ac}$ 为交流线圈匝数；$l$ 为回线长度。

主动式饱和铁芯限流电抗器的工作磁化曲线如图 1-15 所示，系统稳态运行时，偏置电流作用于限流器时，此时限流器工作状态与被动式饱和铁芯限流电抗器相同，线路交流和偏置电源直流叠加作用于铁芯，铁芯工作在饱和区，铁芯磁场强度 $H$ 较大而磁导率 $\mu$ 较小，从而使得饱和铁芯型限流电抗器对外呈现小电阻，几乎不会影响电网的正常运行。当检测到短路故障出现时，立刻切除偏置直流回路的电源，此时只有短路交流作用于铁芯，铁芯两侧均处于退饱和的状态，铁芯磁场强度 $H$ 相较于稳态时较小而磁导率较大，相当于在线路中串接了一个大感抗，从而对故障电流进行了有效的限制。

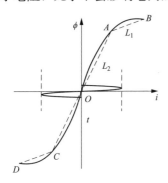

图 1-15 主动式饱和铁芯限流电抗器工作磁化曲线

（3）铁芯电抗器的滤波功能。铁芯电抗器在高压配电系统中可以与电容器串联或者并联，来限制电网中的高次谐波。

1）串联电抗器。串联电抗器主要用来限制短路电流，也有在滤波器中与电容器串联或并联用来限制电网中的高次谐波。220kV、110kV、35kV、10kV 电网中的电抗器是用来吸收电缆线路的充电容性无功功率的。可以通过调整串联电抗器的数量来调整运行电压。

根据 GB 50227《并联电容器装置设计规范》标准要求，应将涌流限制在电容器额定电流的 10 倍以下，为了不发生谐波放大（谐波牵引），要求串联电抗器的伏安特性尽量为线性。网络谐波较小时，采用限制涌流的电抗器；电抗率为 0.1%～1%，即可将涌流限制在额定电流的 10 倍以下，以减少电抗器的有功功率损耗，而且电抗器的体积小、占地面积小、便于安装在电容器柜内。

当电抗器阻抗与电容器容抗全调谐后，组成某次谐波的交流滤波器。滤去某次高次谐波，而降低母线上该次谐波的电压值，使线路上不存在高次谐波电流，提高电网的电压质量。

滤波电抗器的调谐度为

$$X_{\mathrm{L}} = \omega_{\mathrm{L}} = \frac{1}{n^2 X_{\mathrm{C}}} = A X_{\mathrm{C}} \tag{1-10}$$

式中：$A$ 为协调度；$X_{\mathrm{L}}$ 为电抗，$\Omega$；$X_{\mathrm{C}}$ 为容抗，$\Omega$；$n$ 为谐波次数；$L$ 为电感；$\omega = 314$。

按上述调谐度配置电抗器，可以对各次谐波进行滤除。

2）并联电抗器。并联电抗器一般接在超高压输电线的末端和地之间，发电机满负载试验用的电抗器是并联电抗器的雏形。由于铁芯式电抗器的分段铁芯饼之间存在着交变磁场的吸引力，因此噪声一般要比同容量变压器高出 10dB 左右。

220kV、110kV、35kV、10kV 电网中的电抗器是用来吸收电缆线路的充电容性无功的，可以通过调整并联电抗器的数量来调整运行电压。

### 1.2.1.2 空心电抗器

干式空心电抗器作为电力系统中关键的一次设备，主要应用在 66kV 及以下电压等级的输配电网中，根据接法的不同，可分为并联电抗器和串联电抗器。并联电抗器不仅可以限制系统电压升高和操作过电压，还可以为系统提供无功功率补偿，改善远距离输电线路的电压分布；串联电抗器不仅可以有效限制短路电流，而且可以滤除电网中的高次谐波。

正常运行条件下，干式空心电抗器可简化为由匝间电容和杂散电容组成的等值电容、等效电阻和等值电感组成的电路模型。由于 $1/\omega C \gg \omega L \gg R$，所以等值电容可以忽略不计。因此，干式空心电抗器的等效电路可简化为等效电阻和等值电感组成的电路模型。

干式空心电抗器是由若干包封同轴并联绕制而成，各绕组采用相同的材料，具有相同的电气特性，可等效为由等效电阻和电感组成的若干并联支路。假设干式空心电抗器由 $n$ 条支路并联组成，则在正常工作情况下的等值电路如图 1-16 所示。

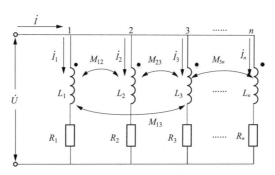

图 1-16　干式空心电抗器正常运行情况下等效模型

$R_i$——第 $i$ 层支路的电阻；$L_i$——第 $i$ 层支路的自感（$i=1,2,3,\cdots,n$）；$M_{i,j}$——第 $i$ 层支路和第 $j$ 层支路之间的 $R_i$ 互感（$i=1,2,3,\cdots,n$；$j=1,2,3,\cdots,n$）；$\dot{U}$——电抗器外加交流电压；$\dot{I}_n$——每条支路电流

根据干式空心电抗器正常运行情况下的等效模型，可列电路的电压方程为

$$\begin{bmatrix} R_1+\mathrm{j}\omega L_1 & \mathrm{j}\omega M_{1,2} & \cdots & \mathrm{j}\omega M_{1,j} & \cdots & \mathrm{j}\omega M_{1,n} \\ \mathrm{j}\omega M_{2,1} & R_2+\mathrm{j}\omega L_2 & \cdots & \mathrm{j}\omega M_{2,j} & \cdots & \mathrm{j}\omega M_{2,n} \\ \vdots & \vdots & \ddots & \vdots & \ddots & \vdots \\ \mathrm{j}\omega M_{i,1} & \mathrm{j}\omega M_{i,2} & \cdots & \mathrm{j}\omega M_{i,j} & \cdots & \mathrm{j}\omega M_{i,n} \\ \vdots & \vdots & \ddots & \vdots & \ddots & \vdots \\ \mathrm{j}\omega M_{n,1} & \mathrm{j}\omega M_{n,2} & \cdots & \mathrm{j}\omega M_{n,j} & \cdots & R_n+\mathrm{j}\omega L_n \end{bmatrix}\begin{bmatrix} \dot{I}_1 \\ \dot{I}_2 \\ \vdots \\ \dot{I}_i \\ \vdots \\ \dot{I}_n \end{bmatrix}\begin{bmatrix} \dot{U} \\ \dot{U} \\ \vdots \\ \dot{U} \\ \vdots \\ \dot{U} \end{bmatrix} \tag{1-11}$$

式（1-11）中，$\omega=2\pi f$（$f$ 为电网频率），直流电阻 $R$、互感 $M$ 和自感 $L$ 全是由电抗器自身结构参数所决定。已知电抗器的端电压 $\dot{U}$，可以计算出每条支路的电流 $\dot{I}_1$，$\dot{I}_2$，$\dot{I}_3$，$\cdots$，$\dot{I}_n$，各电流相加得到总电流 $I$。根据欧姆定律得出等值阻抗，进而计算出功角 $\theta$。

## 1.2.2　电气特性

### 1.2.2.1　空心电抗器

（1）磁场特性。干式空心电抗器可看作是由多个单匝线圈的导线支路通过并联形成多层线圈，构成电抗器的绕组。在计算磁感应强度时，可以利用磁场的矢量依次求和进行叠加计算。在了解电抗器绕组结构和磁场的计算原理后，若想计算出电抗器在空间某一点处的磁场时，可先将电抗器绕组分解成最简单的结构，即单匝线圈，计算最基础的线圈在某一点处的磁感应强度，然后逐步将线圈复杂完整化依次分析，通过矢量计算的原理进行求和得到绕组的磁场特性。

在如图 1-17 所示的示意图中可以直观看到单匝通电线圈空间磁场分布：空间内有一圆形单匝通电线圈，线圈圆心为 $O$，半径为 $R_1$，电流为 $I$。以平行于线圈所在平面、距离线圈 $Z_1$ 处为 $XOY$ 平面建立空间坐标系，空间内任意一点 $P(x, y, z)$，分析 $P$ 点的磁场 $B$。

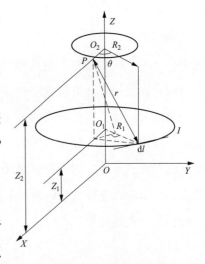

以 $P$ 点距 $Z$ 轴距离 $R_2$（$R_2 = \sqrt{x^2 + y^2}$）为半径，$O_2(0, 0, Z_2)$ 为圆心，做一平行于通电线圈的圆；对于通电圆环上任意一点单位元长度 $\mathrm{d}l$，$O_1\mathrm{d}l$ 与 $PO_2$ 的夹角为 $\theta$。

图 1-17　单匝通电线圈磁场计算坐标图

当给单匝线圈通入电流后，产生的空间磁场是对称的，因此在圆环 $O_2$ 上的磁感应强度是数值上相等，指向不同方向的。$P$ 点空间磁场 $B$ 可以分解成两个方向的分量，依据磁场的分解结果和勾股定理，计算 $P$ 点磁场时只需要相互垂直的两个分量，分别求取出轴向和径向两个分量即可。

$P$ 点轴向与径向方向分别是指 $P$ 点的 $Z$ 轴（即 $O_1O_2$）方向与半径方向（即圆心 $O_1$ 指向圆周）方向。根据磁场的定义，单匝通电线圈在 $P(R_2, Z_2)$ 点产生的磁场 $B_1$ 的径向分量 $B_r(P)_1$ 和轴向分量 $B_z(P)_1$ 计算公式为

$$\begin{cases} B_r(P)_1 = \dfrac{\mu_0 I}{4\pi} \displaystyle\int_0^{2\pi} \dfrac{(z_2 - z_1)\cos\theta}{\left[(z_2 - z_1)^2 + R_1^2 + R_2^2 - 2R_1R_2\cos\theta\right]^{3/2}} R_1 \mathrm{d}\theta \\[4mm] B_z(P)_1 = \dfrac{\mu_0 I}{4\pi} \displaystyle\int_0^{2\pi} \dfrac{R_1 - R_2\cos\theta}{\left[(z_2 - z_1)^2 + R_1^2 + R_2^2 - 2R_1R_2\cos\theta\right]^{3/2}} R_1 \mathrm{d}\theta \end{cases} \tag{1-12}$$

再通过磁场的矢量叠加原理和积分原理，推广至含有 $m$ 层线圈组成的更接近真实电抗器绕组线圈中。则在空间指定一点 $P(R_2，Z_2)$ 处的磁场 $B_m$ 的径向分量 $B_r(P)_m$ 和轴向分量 $B_z(P)_m$ 为

$$\begin{cases} B_r(P)_m = \displaystyle\sum_{j=1}^{m} B_{rj}(P)_{nH} \\ B_z(P)_m = \displaystyle\sum_{j=1}^{m} B_{zj}(P)_{nH} \end{cases} \tag{1-13}$$

则得到电抗器附近空间中一随机点磁感应强度的轴向和径向分量，带入公式 $B=\sqrt{B_x^2+B_z^2}$ 得到空心电抗器周围空间任意一点的磁感应强度。

（2）涡流损耗。集肤效应和邻近效应是引起绕组中涡流损耗生热的两大原因。集肤效应就是当给导线通入交流电或者在变化磁场时，电流主要导线边缘流动，导致电流密度分布不均匀，中间部分密度小，靠近表面电流密度大，产生涡流损耗。使导体的有效横截面积减小，减小量用穿透深度 $\alpha$ 来表示。$\alpha$ 定义为：由集肤效应导致导体内的电流密度下降到导体表面电流密度 36.8% 处的径向深度，表达式为

$$\alpha = \sqrt{\frac{\rho}{\pi \mu f}} \tag{1-14}$$

式中：$\rho$ 为导线的电阻率；$\mu$ 为导线的磁导率；$f$ 为交流电频率。对电抗器而言，$\rho=0.02785\Omega \cdot m$，$\mu=4\pi \times 10^{-7}N \cdot A^{-2}$，$f=50Hz$，由式（1-14）可得 $\alpha=1.9mm$。远大于包封的线径（3.15mm），可以忽略不计，这说明计算绕组的涡流损耗时可以忽略集肤效应所产生的损耗。

一个导线中的交流电流产生的磁场，导致相邻导线中产生了涡流现象，并增加相邻导线的损耗值，这种现象称为邻近效应。空心电抗器包封中绕组的涡流损耗是受其内部产生的磁场的作用产生的。如果一个圆丝直径 $D_0$ 和线圈的半径为 $R$，仅考虑轴向磁场，导线中的涡流情况如图 1-18 所示。线圈导体 $r$ 处的涡流密度为

$$J = \gamma \omega B_z \tag{1-15}$$

式中：$\gamma$ 为导线的电导率；$\omega$ 为角频率；$B_z$ 为导线内轴向磁通密度的有效值。

导线中 $r$ 处涡流损耗密度为

$$P_\tau = \frac{J^2}{\gamma} = \gamma B_z^2 \omega^2 r^2 \qquad (1\text{-}16)$$

在轴向磁场作用下，单匝圆导线的涡流损耗功率为

$$P_z = 2\pi R \int_s \frac{J^2}{\gamma} \mathrm{d}S = \frac{\pi^2 D_0^4 \gamma \omega^2}{32} R B_z^2$$

$$(1\text{-}17)$$

同理，在径向磁场作用下，单匝圆导线的涡流损耗功率为

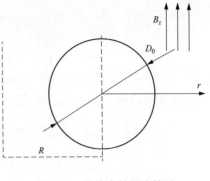

图 1-18　导线中的涡流情况

$$P_r = \frac{\pi^2 D_0^4 \gamma \omega^2}{32} R B_z^2 \qquad (1\text{-}18)$$

同时考虑两类磁场共同作用下，单匝圆导线的总涡流损耗功率为

$$P_e = P_r + P_z = \frac{\pi^2 D_0^4 \gamma \omega^2}{32} R(B_r^2 + B_z^2) = \frac{\pi^2 D_0^4 \gamma \omega^2}{32} R B^2 \qquad (1\text{-}19)$$

式中：$B$ 为导线中心处的磁通密度。

将包封中所有绕组中心的磁通密度代入式（1-19）可以求得每个绕组的涡流损耗功率值。电抗器的包封都是由各层线圈串联而成。因此，每层包封的涡流损耗功率是构成包封的每个线圈的涡流损耗功率相加。单位时间内电抗器第 $i$ 层包封的涡流损耗功率为

$$P_2 = \sum_{j=1}^{m_i} \frac{\pi^2 D_i^4 \gamma \omega^2}{32} R_i B^2 \qquad (1\text{-}20)$$

式中：$m_i$ 为第 $i$ 层的匝数；$R_i$ 为第 $i$ 层线圈的半径；$D_i$ 为第 $i$ 层导线的线径。

由于绕组之间是并联的，所以整个空心电抗器的总涡流损耗功率的计算公式为

$$P_B = \sum_{i=1}^{n} \sum_{j=1}^{m_i} \frac{\pi^2 D_i^4 \gamma \omega^2}{32} R B^2 \qquad (1\text{-}21)$$

式中：$n$ 为包封个数。

邻近效应引起的第 $m$ 层线圈增加损耗与铜耗比例关系为

$$\frac{P_m}{P_{m,\mathrm{dc}}} = \varphi Q(\varphi, m) \qquad (1\text{-}22)$$

$$\varphi = \sqrt{c}\,\frac{d}{\sigma}$$

$$\sigma = 11.9$$

式中：$P_m$ 为第 $m$ 层线圈增加的总铜耗；$P_{m,dc}$ 为第 $m$ 层线圈产生的涡流损耗值；$\varphi$ 为导体厚度与其深度的等效比。对于铝导线，$d$ 为导线的直径，$c=0.406$。

$$Q(\varphi,m) = (2m^2 - 2m + 1)G_1(\varphi) - 4m(m-1)G_2(\varphi) \qquad (1\text{-}23)$$

$$\begin{cases} G_1(\varphi) = \dfrac{\text{sh}2\varphi + \sin 2\varphi}{\text{ch}2\varphi + \cos 2\varphi} \\[2mm] G_2(\varphi) = \dfrac{\text{sh}\varphi\cos\varphi + \text{ch}\varphi\sin\varphi}{\text{ch}2\varphi - \cos 2\varphi} \end{cases} \qquad (1\text{-}24)$$

$$\text{sh}\varphi = \frac{e^\varphi - e^{-\varphi}}{2}$$

$$\text{ch}\varphi = \frac{e^\varphi + e^{-\varphi}}{2}$$

将上述式子联立，可以得到当铝线直径 $d=3.15\text{mm}$ 时，$\varphi=0.25$，且

$$\begin{cases} \dfrac{P_2}{P_{2dc}} = 1.001 \\[3mm] \dfrac{P_3}{P_{3d}} = 1.002 \\[3mm] \dfrac{P_4}{P_{4dc}} = 1.003 \\[3mm] \dfrac{P_5}{P_{5dc}} = 1.006 \end{cases} \qquad (1\text{-}25)$$

从结果中可以看出电抗器包封绕组损耗功率大约等于绕组电阻生热损耗功率。

（3）电阻损耗。由每层线圈的电阻和电流可以计算出空心电抗器绕组的电阻生热损耗功率，即

$$P_i = \sum_i^n I_i^2 R_i \qquad (1\text{-}26)$$

$$R_i = \rho\frac{L_i}{S_i} \qquad (1\text{-}27)$$

式中：$I_i$ 为第 $i$ 层线圈的电流；$R_i$ 为第 $i$ 层线圈的电阻；$\rho$ 为导线电阻率；$L_i$ 为第 $i$ 层导线的总长度；$S_i$ 为第 $i$ 层导线的截面积。

## 1.2.2.2  铁芯电抗器

（1）磁滞效应与磁场特性。磁化曲线是描述铁磁材料磁感应强度 $B$ 和磁场强度 $H$ 的关系曲线，两者之间有很强的非线性。图 1-19 为铁磁材料的磁化曲线，在磁化过程中，磁通密度 $B$ 变化比磁场强度 $H$ 变化滞后，称为磁滞现象，它是铁磁物质独有的磁特性。磁滞现象的产生是由于磁畴在外加磁场力的作用下发生了磁畴反转，内部产生了"摩擦"；当外加磁场停止作用后，与外磁化方向排列一致的磁畴保留了下来，不能再恢复到原始状态，从而形成了磁滞现象。

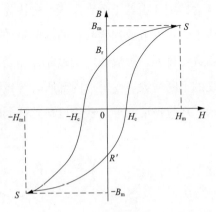

图 1-19  磁化曲线

$B$—磁感强度；$H$—磁场强度；$H_c$—矫顽力；$B_r$—剩余磁通密度；$H_m$—铁芯饱和时的磁场密度；$B_m$—铁芯饱和时的磁通密度

磁滞伸缩效应是指在外加磁场作用下，铁磁材料经磁场磁化，材料体积与长度发生一定变化的现象。一般铁磁材料的磁滞伸缩数量级为 $10^{-6} \sim 10^{-5}$，因其长度的变化要比体积变化的显著，因此人们通常提到的磁滞伸缩是指长度上的变化量，也称为线磁致伸缩。它是由英国科学家焦耳在 1842 年发现的，又被称为焦耳效应。图 1-20 为磁滞伸缩的微观机理，在无外加磁场作用的状态下，磁畴的磁化方向是随机的，没有宏观效应；在外加磁场作用后，铁磁材料中大量磁畴的磁化方向沿磁场方向转动，外在表现为材料沿某一方向上长度的伸长或缩短。

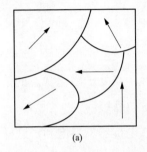 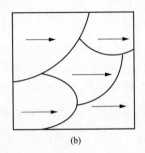

(a)                    (b)

图 1-20  磁滞伸缩微观机理

（a）无外加磁场；（b）磁化状态

磁滞伸缩系数 λ 是用来表征磁滞伸缩效应大小的物理量，可表示为

$$\lambda = (L_\mathrm{H} - L_0)/L_0$$

式中：$L_\mathrm{H}$ 为铁磁材料在外加磁场作用下的长度；$L_0$ 为铁磁材料在自然状态下的原始长度。当 λ＞0 时，为正磁滞伸缩；当 λ＜0 时，表示负磁滞伸缩。图 1-21 为线磁滞伸缩引起材料尺寸变化的机理图。在无外加磁场的情况下，可以认为硅钢片由若干个无序状态的固体组成，如图 1-21(a) 所示；在外加磁场作用下，铁磁或亚铁磁材料的内部磁畴开始变化，会沿着磁场方向发生转动并重新进行排列，形成特定的磁滞伸缩变形，如图 1-21(b) 所示；随着外部磁化强度的不断增大，硅钢片内部所有的磁畴将沿着磁化方向分布，如图 1-21(c) 所示。在这种情况下，铁磁材料总体上的尺寸发生了变化。

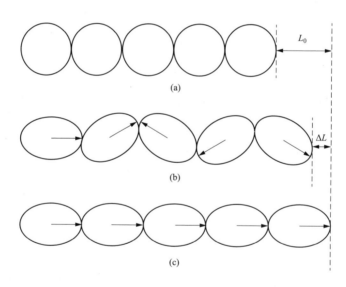

图 1-21　磁滞伸缩的原理图

(a) 无外加磁场；(b) 刚加入磁场；(c) 完全加入磁场

　　磁滞伸缩效应是铁磁材料的固有特性，当处于磁化状态的情况下，铁磁材料沿平行于磁化方向伸长，垂直于磁场方向缩短。

　　铁芯电抗器中设置气隙从而保证铁芯电抗器不易饱和，这样可以维持电抗器的电感值在一定值，但是气隙的存在会带来气隙的边缘效应，就是当磁通经过气隙时会发生磁力线向外发散的趋势，造成气隙等效导磁面积扩大。气隙等

效导磁面积扩大系数约为 1.1～1.3，等效导磁面积的扩大系数为

$$k = \frac{l_q}{\dfrac{\mu_0 S N^2}{L - L_\sigma} - \dfrac{l_t}{\mu_r}} \qquad (1\text{-}28)$$

式中：$k$ 为扩大的等效导磁面积系数；$l_q$ 为电抗器中气隙的长度；$l_t$ 为电抗器铁芯磁路的等效长度；$\mu_r$ 为铁芯材料的相对磁导率；$S$ 为铁芯的截面积；$\mu_0$ 为真空磁导率；$N$ 为线圈匝数；$L$ 为磁场中导体长度；$L_\sigma$ 为磁场中气隙长度。可以看出 $k$ 与气隙长度、铁芯截面积、铁芯材料的相对磁导率等参数均有关系。

在干式铁芯电抗器中，磁通将会沿着不同路径流动，在流动过程中根据路径的不同分为主磁通和漏磁通，主磁通的磁路形成 2 个并联支路，一部分磁通垂直穿过铁饼的截面，这部分的磁通是均匀分布的，另一部分磁通绕过气隙形成的衍射磁通，这部分的磁通分布疏密不均匀，且磁通路径近似为半圆状，如图1-22所示。

除了通过的路径不同，主磁通在其他方面也与漏磁通有所差异。只有保证主磁通存在，才能确保电抗器正常运作，主磁通具有无功补偿及抑制电流冲击的作用。由于铁磁材料很容易饱和，饱和以后的材料呈现非线性关系，激励的改变不会影响主磁通的大小，它们的非线性关系决定了

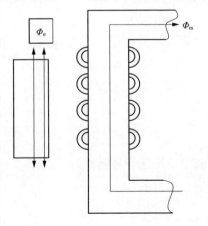

图 1-22　铁芯电抗器主磁通与漏磁通

主磁通的磁阻不可能为常数。而漏磁通所流经的路径大部分是空气等绝缘材料，由于它们都是非导磁材料，因此也不会出现磁饱和的现象，漏磁通的大小与电流激励存在线性关系，气隙长度决定磁阻的大小，磁阻的大小一般为一个常数。

根据通电导体中电流的磁效应和铁芯电抗器的基本运行原理，当给围绕在铁芯外部的绕组通电后，干式铁芯电抗器周围和铁芯中都会流经磁通，按其流通路径和性质的不同，电抗器的磁通有主磁通和漏磁通之分，且当电抗器的绕组探入深度和结构参数不同时，磁通量的大小以及分布情况会呈现出不同的规律。

主电扰的计算为

$$NI = Hl$$

$$H = \frac{NI}{l}$$

$$\frac{1}{2}HBU = \frac{1}{2}LI^2 \tag{1-29}$$

$$\frac{1}{2}\left(\frac{NI}{l}\right)^2 \mu_0 sl = \frac{1}{2}LI^2$$

主电感为

$$L = \frac{\mu_0 N^2 s}{l} \tag{1-30}$$

式中：$\mu_0$ 为真空磁导率；$N$ 为线圈匝数；$s$ 为线圈横截面积；$l$ 为绕组长度。

主电抗为

$$X = 2\pi f \frac{\mu_0 N^2 s}{l} \tag{1-31}$$

主电抗压降为

$$U_{L1} = I_L \omega L = 2\pi f I_L \frac{\mu_0 N^2 s}{l} = \frac{7.9}{10^8} f I_L N^2 \mu \frac{s}{l} \tag{1-32}$$

式中：$I_L$ 为导体电流。

漏抗为

$$X = \frac{\mu_0 N^2 \pi (R^2 + 2R\delta)/\pi R^2}{l/\pi R^2} = \frac{\mu_0 N^2 \left(1 + \frac{2\delta}{R}\right)}{l/\pi R^2} \tag{1-33}$$

式中：$R$ 为线圈电阻值；$\delta$ 为电阻值变化量。

漏电抗压降为

$$U_{L2} = \frac{7.9}{10^8 H_k} = f I_L N^2 A\rho \tag{1-34}$$

式中：$H_k$ 为第 $k$ 段磁路的磁场强度；$A$ 为磁矢量；$\rho$ 为线圈密度。

为了降低附加损耗，铁芯柱被分割成若干个铁芯柱与气隙的结构，当设计电抗器时，在已确定铁芯柱的高度、总气隙确定的条件下，气隙的分布，单个气隙的长度由铁芯柱衍射出来的磁场的大小以及与其相关联的绕组安匝数的多少有关，当各部分的线圈安匝数相等时，即 $NI_1 = NI_2 = NI_3$ 时，线圈围绕的铁芯部分拥有近似相等的磁场大小，就会减少出现空间磁场越过铁芯区域由外部绕行的情况，此时的空间漏磁场小，由其引发的附加损耗也较小。线圈端部与中部漏磁的大小，主要取决于铁饼对应的安匝数的大小，连接铁轭所进入线圈部分的铁芯磁场同铁芯块之间的磁场大小不等时，空间漏磁场变大，由其引发的附加损耗也会变大，所以，从减少铁芯电抗器损耗的方面出发，应按照铁芯饼和气隙均匀分布，且考虑安匝平衡。

（2）涡流损耗。给电抗器施加激励，会在其周围产生磁场，通过铁芯的磁通随时间发生变化时，会在铁芯中产生感应电动势，闭合回路中的感应电流在铁芯内部作旋涡状流动的现象称为涡流。这些涡流在铁芯中引起的损耗称为涡流损耗。

电抗器的绕组为扁线绕组，设此绕组的宽厚为 $a \times b$，长度为 $l$，磁感应强度 $B$ 入射角度为 $\alpha$，置于磁场中的扁导线如图 1-23 所示。

在导线的厚度方向上，从 $-x$ 到 $x$ 的范围内包围的磁通为

$$\phi = BS = 2xlB_z \qquad (1-35)$$

由于电磁感应现象在 $\mathrm{d}x$ 回路产生的电动势为

$$E = 2\pi f\phi = 4\pi f B_z xl \qquad (1-36)$$

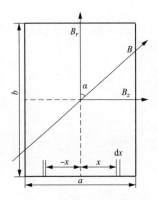

图 1-23 置于磁场中的扁导线

$\mathrm{d}x$ 回路的电阻为

$$\mathrm{d}R = \rho \frac{2l}{b\,\mathrm{d}x} \qquad (1-37)$$

$\mathrm{d}x$ 回路的涡流损耗为

$$\mathrm{d}P_1 = \frac{E^2}{\mathrm{d}R} = \frac{8\pi^2 f^2 B_z^2 x^2 lb\,\mathrm{d}x}{\rho} \qquad (1-38)$$

可得

$$P_{2a} = \int_0^{a/2} \frac{8\pi^2 f^2 B_z^2 x^2 lb\,\mathrm{d}x}{\rho} = \frac{\pi^2 f^2 B_z^2 a^3 bl}{3\rho} \qquad (1-39)$$

这段导线的电阻损耗为

$$dp_1 = \rho \frac{l}{ab} I^2 \tag{1-40}$$

涡流损耗系数为

$$K_{2a} = \frac{p_{2a}}{dp_1} = \frac{\pi^2 f^2 B_z^2 a^2 lb}{3\rho^2 \frac{1}{ab} I^2} = \frac{\pi}{3\rho^2} \left( f \frac{a}{\Delta} B_z \right)^2 \tag{1-41}$$

相同地，$B$ 在导线宽度方向上从 $-x$ 到 $x$ 包围的磁通为

$$\phi = BS = 2xlB_r \tag{1-42}$$

由于电磁感应产生的电动势为

$$E = 2\pi f\phi = 4\pi fB_r xl \tag{1-43}$$

$dx$ 回路的电阻为

$$dR = \rho \frac{2l}{b\,dx} \tag{1-44}$$

$dx$ 回路的涡流损耗为

$$dP_2 = \frac{E^2}{dR} = \frac{8\pi^2 f^2 B_r^2 x^2 la\,dx}{\rho} \tag{1-45}$$

$$dP_2 = \frac{E^2}{dR} = \frac{8\pi^2 f^2 B_r^2 x^2 la\,dx}{\rho} \tag{1-46}$$

可得，$B_r$ 在导线 $b$ 面造成的涡流损耗为

$$P_{2b} = \frac{8\pi^2 f^2 B_r^2 la}{\rho} \int_0^{b/2} x^2 dx = \frac{\pi^2 f^2 B_r^2 ab^3 l}{3\rho} \tag{1-47}$$

涡流损耗系数为

$$K_{2b} = \frac{p_{2b}}{dp_2} = \frac{\pi^2 f^2 B_r^2 a^2 b^4}{3\rho^2 I^2} = \frac{\pi^2}{3\rho^2} \left( f \frac{b}{\Delta} B_r \right)^2 \tag{1-48}$$

由上述计算结果可知，置于磁场中的扁导线，当磁力线从不同的角度穿过导线时，会有不一样的涡流损耗结果，涡流损耗系数与电源频率 $f$、磁场垂直入射面宽度 $a$ 或 $b$、磁感应强度 $B$ 或 $B_r$ 的平方成正比。理论计算结果显示，当磁场从扁线的面积小的窄面穿过时，涡流损耗比从面积大的宽面穿过时减小，且当端面宽度缩小为原来的 1/2 时，用两根导线并联围绕，涡流损耗可减少一半。

（3）电阻损耗。给电抗器线圈施加电流激励，就会在其周围产生电阻损

耗。设电抗器绕组中有个 $n$ 个并联支路，其中支路 $i$ 的平均半径为 $R$，具有 $n$ 匝数，导线的截面积为 $\delta_i$，流经电流为 $I_i$，则总电阻损耗为

$$P_1 = RI^2 = \rho_{20}[1 + (\theta - 20)\alpha] \sum_{i=1}^{n} \frac{2\pi n_i R_i}{\delta_i} I_i^2 \qquad (1\text{-}49)$$

式中：$I_i$ 为额定电流；$\rho_{20}$ 为金属导体在 20℃ 时的电阻率；$\alpha$ 为电阻的温度系数；$\theta$ 为折算的温度，一般情况下设为 75℃。常见金属材料的 $\rho_{20}$ 与 $\alpha$ 见表 1-1，铜和铝在不同条件下的电阻率见表 1-2。

表 1-1　　常用金属材料 20℃ 的电阻率与电阻温度系数

| 材料 | 电阻率 $\rho_{20}(10^{-6}\,\Omega\cdot m)$ | 电阻温度系数 $\alpha(10^{-3}\mathrm{K}^{-1})$ |
|---|---|---|
| 铜 | 0.017~0.018 | 4.33 |
| 黄铜 | 0.07~0.08 | 1.0~2.6 |
| 银 | 0.016 | 3.6 |
| 铝 | 0.029 | 3.8 |
| 硅铝合金 | 0.039 | 4 |
| 钢 | 0.103~0.137 | 5.7~6.2 |
| 灰铸铁 | 0.8~0.85 | 5.6 |
| 康铜 | 0.49 | ≈0 |
| 镍铬 | 1.02~1.27 | 0.15 |
| 铁铬铝 | 1.4 | — |

表 1-2　　铜和铝在不同温度下的电阻率

| 温度（℃） | 铜电阻率 $\rho_{Cu}(10^{-6}\,\Omega\cdot m)$ | 铝电阻率 $\rho_{Al}(10^{-6}\,\Omega\cdot m)$ |
|---|---|---|
| 0 | 0.0165 | 0.0261 |
| 10 | 0.0172 | 0.02772 |
| 20 | 0.0178 | 0.0283 |
| 30 | 0.0185 | 0.0294 |
| 35 | 0.0188 | 0.0300 |
| 40 | 0.0192 | 0.0305 |
| 50 | 0.0200 | 0.0316 |
| 60 | 0.0206 | 0.0327 |
| 70 | 0.0212 | 0.0338 |

续表

| 温度（℃） | 铜电阻率 $\rho_{Cu}(10^{-6}\Omega\cdot m)$ | 铝电阻率 $\rho_{Al}(10^{-6}\Omega\cdot m)$ |
|---|---|---|
| 75 | 0.0216 | 0.0343 |
| 80 | 0.0219 | 0.0349 |
| 90 | 0.0226 | 0.0360 |
| 100 | 0.0233 | 0.0371 |

（4）附加损耗。对于干式铁芯电抗器，由引线、接线端子、金属支撑件引起的损耗和磁场穿过周围其他导电体的损耗均称为附加损耗，通常这些损耗相对较小，不会造成绕组局部温升过高，所以在计算绕组发热损耗时，通常忽略附加损耗的影响。主磁通通过铁饼的气隙时，由于边缘效应，磁通并未完全从铁芯中通过，而是通过气隙向外扩散，衍射的磁通经过空气，磁阻变大，附加损耗增加，小容量及间隙不大或中等容量短时工作的电抗器，铁饼采取并行叠片方式，当磁通从不同方向扩散时，垂直进入叠片会引起很大的涡流损耗，形成严重的局部过热。

## 1.3　干式电抗器绝缘性能

干式电抗器的绝缘材料首先要保证设备安全可靠运行，且应该具有良好的力学性能和优异的电气绝缘性能。环氧树脂绝缘材料固化后收缩率小，且电气绝缘性能较佳，因此环氧树脂浇注材料被广泛应用在干式电抗器的绝缘上。玻璃纤维增强环氧树脂的复合材料是目前应用较广的绝缘材料，该复合材料具有优异的电气绝缘。

### 1.3.1　干式电抗器绝缘及其制造

干式电抗器的绝缘方式一般有两种，一种是采用水泥浇铸，又称水泥电抗器；另一种是采用环氧树脂夹固或用环氧树脂浇铸。电抗器安装在具有支座绝缘子的支座上，支座及附件均由非磁性材料制成，以防漏磁引起局部过热。

#### 1.3.1.1　环氧树脂的整体性能与水泥绝缘的比较

环氧树脂的种类主要有双酚 A 型环氧树脂、酚醛环氧树脂和脂环族环氧树脂。在选择电气设备的环氧树脂浇注材料时，一般选用分子量较小的双酚 A 型环氧树脂，常用的有 E-51 环氧树脂和 E-44 环氧树脂，这一类环氧树脂不仅价格便宜，而且液态状态下黏度小，与固化剂充分混合后基本呈现水状，因此用这样的环氧树脂浇注，其工艺简单方便。

在干式空心电抗器生产应用初期，电抗器结构多采用水泥来架设，但是水泥本身具有绝缘耐热等级低、比较容易开裂以及损耗大、占地面积大和安装使用不便等缺点，因此，水泥式干式空心电抗器应用领域逐步减少甚至变无。随着环氧树脂材料的不断发展与进步，由于其具备优异的介电性能、良好的力学性能、黏结性高、收缩率小、良好的加工特性等优点，现阶段的干式电抗器通常是用高强度的玻璃纤维加环氧树脂构成复合绝缘的结构，通过高温的方法固化整个电抗器，包封之间设置通风气道，每层线圈内部都存在线头，将全部线圈两端分别焊接于两端的星形接线壁。

在电力系统中，各个电压等级的输电系统基本都采用环氧绝缘体系，使用环氧绝缘体系可以提高电力设备的抗电晕和抗振的能力，并且环氧树脂机械强度高，这提高了干式电抗器的电力设备的使用寿命。环氧树脂主要以浇注制品、玻璃纤维增强的复合材料被应用在干式电抗器中，这使得干式电抗器绝缘性能好、抗击穿强度高、机械强度高。

## 1.3.1.2　环氧树脂绝缘的基本制造工艺

干式电抗器为包封绕组型绕组，其特征是：绕组的匝间和层间并不要求树脂材料完全渗透，树脂材料只灌封段间和绕组的内外表层，所以浇注后的绕组匝间与层间存在有真空空隙（实际是稀薄空气隙）。这种情况下树脂浇注料黏度可以适当提高。匝间和层间的绝缘依靠薄膜或复合箔材料承担。这种结构常见于带填料树脂浇注的绕组。

环氧树脂浇注原材料除了环氧树脂以外，还包括固化剂和促进剂，有的还需要加入合适的填料。环氧树脂用固化剂来完成固化反应得到交联固化物，而且加入固化剂和促进剂后还可以降低固化反应温度并能缩短固化反应时间。另外在浇注原料中添加合适比例的玻璃纤维、二氧化硅或氧化铝等材料，能够适当地改变环氧树脂的力学性能和电气性能。

为制造出无缺陷环氧树脂绝缘，必须注意以下几个方面：

（1）浇注温度。浇注温度的高低取决于浸渍绕组绝缘结构对树脂胶料黏度的要求，原则上讲，浇注料黏度越低越好，提高温度是降低树脂黏度的唯一途径，但操作难度较大，应选择在满足黏度要求的前提下的最低浇注温度。

（2）白坯绕组的真空干燥。白坯绕组需要在 100～105℃ 预热，使绕组中的水蒸发。但在大气压下，总会有少量的水分残存在绝缘材料表面。这就需要在真空状态下干燥，通常要达到含水率低于 0.2％ 的状态。

（3）浇注真空度。原则上浇注真空度越低，绕组的树脂填充效果越好，真空脱气的目的是去除浇注料中溶解的空气，脱气采用的压力必须高于且远离组分材料的饱和蒸气压，原因是避免材料在该温度下出现沸腾损失。

（4）浇注时间。浇注时间取决于浇注树脂量和绕组结构的流动渗透速度，与所使用绝缘材料的树脂渗透性相关。需要实践测定浇注速度。

（5）压力渗透。真空浇注后，树脂对绕组导体形成封闭，在浇注模具内形成了完整的液封，释放真空恢复到大气压力后，浇注料受到大气压压缩作用，可推动浇注料对玻璃纤维绝缘的进一步渗透。

（6）凝胶与固化，绝缘浇注完成的绕组需要通过凝胶和固化程序实现树脂的力学强度，从而完成绕组的固体凝胶固化的程序会显著影响绕组的性能，包括外观质量和内应力水平。所以，需要根据绕组结构、树脂体系、浇注树脂用量和绕组尺寸等因素来设计和优化固化程序，必要时附加回火程序（蠕变过程）来消除或减小树脂的内部应力。浇注工艺流程如图 1-24 所示。

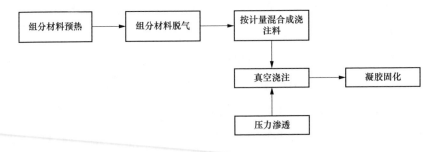

图 1-24　树脂浇注工艺流程图

## 1.3.2　干式空心电抗器

干式空心电抗器的横向结构如图 1-25 所示。干式空心电抗器的外绝缘用浸有环氧树脂的长玻璃纤维包绕多个支路构成一个包封，所有包封为同轴圆柱结构，容量越大包封数越多；相邻包封间用环氧玻璃丝引拔棒做撑条，以形成包封之间的散热及绝缘气道；各包封内所有导线的首末端分别焊接在铝合金汇流排上，汇流排除了具有电气连接作用外，还起到压紧包封的作用，增大电抗器的整体机械强度；电抗器绕制完成后，加热固化成型，为一个坚固的整体；包封表面经过喷砂处理后，喷涂一层抗紫外线辐射的憎水性防护漆。因此干式空心电抗器形成了一个稳固的结构，这提高了其绕组的绝缘性能。

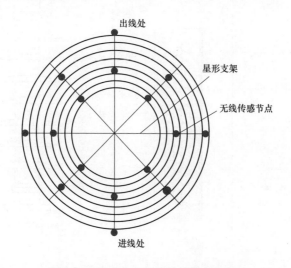

图 1-25　干式空心电抗器的横向结构图

根据电抗器用途的不同，同一电抗器内包封位置的不同，一个包封内可以有 2 层、3 层或 4 层线圈。单个包封的绕制过程：首先将包膜铝线穿过盛有液态环氧树脂的长方形槽，然后绕制在圆形模具上，当线圈层数达到设计层数后用浸有环氧树脂的玻璃丝长玻璃纤维包绕，所有包封绕制完毕后固化成型。两相邻的绕组间为绝缘薄膜与浸有环氧树脂的无纺布组成的复合绝缘。为尽量保证不同层线圈的电感参数一致，半径越大的线圈匝数越少。单个包封的纵向剖面图如图 1-26（a）所示。

干式空心电抗器的底座由不锈钢焊接而成，底座上部是支柱绝缘子与接地网连接或进行多台电抗器的堆叠安装，顶端是电抗器本体。支柱绝缘子是一种特殊的绝缘控件，主要起着支撑电抗器和防止爬电的作用，工作在额定电压大于等于35kV 的绝缘子称为高压绝缘子，35kV 以下则为低压绝缘子，电压等级越高的支柱绝缘子高度越高，对应的最大公称半径 $D$ 越大，其结构图如图 1-26(b) 所示。户内式支柱绝缘子主要由瓷件和胶装于两端的金属附件组成。由于瓷件与金属附件胶装的方式不同，又可分为内胶装、外胶装、联合胶装。内胶装是将铸铁底座和铸铁帽用水泥胶合剂装在瓷件的外表面；外胶装是将铸铁附件用水泥胶合剂装在瓷件的孔内；联合胶装是将铸铁帽采用内胶装，铸铁底座采用外胶装。

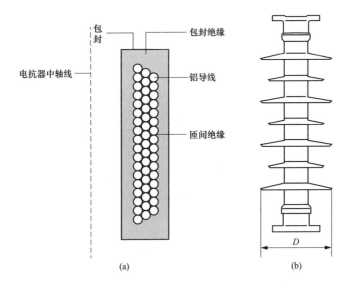

图 1-26　包封及绝缘子结构图

（a）单个包封的纵向剖面图；（b）支柱绝缘子结构图

## 1.3.3　干式铁芯电抗器

干式铁芯电抗器以空气为复合绝缘介质，其绕组由树脂与玻璃纤维复合固化绝缘材料浇注成形，磁通回路由带有非磁性间隙的铁芯和铁轭构成。

浇注式绕组为圆筒式或分段圆筒式薄绝缘结构，电磁线的层与层、匝与匝之间有空气间隙或玻璃纤维等复合材料间隙，在真空浇注时浸透树脂起到绝缘作用，这种绝缘结构可以保证绕组的一次合格率达99％，浇注式绕组绝缘强度高、绝缘性能好、散热好、动稳定性能出色；为防止绕组对地的绝缘距离发生改变，通常在绕组端部还会放置绝缘垫块，并通过夹件上的定位钉或压钉来固定绕组。

干式铁芯并联电抗器、干式铁芯串联电抗器、消弧线圈及起动电抗器等干式铁芯电抗器，其铁芯均由铁饼及间隙组成。硅钢片表面的绝缘涂层起到片间绝缘作用，涂层大体上分为取向钢涂层与无取向钢涂层，取向钢涂层主要成分为氧化镁，无取向钢涂层主要成为氧化铬，硅钢级氧化镁具有良好的导磁性（即具有较大的正磁化率）和优秀的绝缘性能（即电导率能低到$10^{-14}\mu s/cm$致密态）。可使硅钢片表面形成良好的绝缘层和导磁介质，以抑制和克服硅钢铁芯的涡流和集肤效应损失（简称铁损），提高硅钢片的绝缘性能。铁饼与间隙交替间隔叠装，玻璃布带绑扎固定，环氧树脂黏接或环氧树脂高温模装固化，形成一个铁饼柱整体。保证了铁芯饼柱的整体刚性，提高了产品的抗振性能，有效降低了产品的声级。因为铁芯电抗器的电抗值在一定范围内取决于铁芯柱的间隙长度，因此对间隙的控制决定着铁芯电抗器产品的质量，间隙分布的科学合理，可以减少垂直进入绕组的磁力线，磁场变形较少，从而可以减少产品的附加损耗。干式铁芯电抗器结构如图1-27所示。

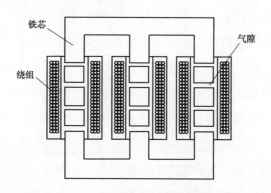

图 1-27　干式铁芯电抗器结构示意图

# 2 干式电抗器运维与故障检测技术

## 2.1 干式电抗器运维技术

### 2.1.1 干式电抗器巡视

通过巡视可以及时掌握干式电抗器的运行情况、发现设备异常，以保证设备安全稳定运行。干式电抗器的巡视主要包括例行巡视、全面巡视、熄灯巡视和特殊巡视。

#### 2.1.1.1 例行巡视

干式电抗器例行巡视包括：

（1）设备铭牌、运行编号标识、相序标识齐全、清晰。

（2）包封表面无裂纹、无爬电，无油漆脱落现象，防雨帽、防鸟罩完好，螺栓紧固。

（3）空心电抗器撑条无松动、位移、缺失等情况。

（4）铁芯电抗器紧固件无松动，温度显示及风机工作正常。

（5）引线无散股、断股、扭曲，松弛度适中，连接金具接触良好，无裂纹、发热变色、变形。

（6）绝缘子无破损，金具完整，支柱绝缘子金属部位无锈蚀，支架牢固，无倾斜变形。

（7）运行中无过热，无异常声响、震动及放电声。

（8）设备的接地良好，接地引下线无锈蚀、断裂且标识完好。

（9）电缆穿管端部封堵严密。

（10）围栏安装牢固，门关闭，无杂物，五防锁具完好，周边无异物且金属物无异常发热。

（11）电抗器本体及支架上无杂物，特别是室外布置应检查支架上无鸟窝等异物。

（12）设备基础构架无倾斜、下沉。

（13）原有缺陷无发展趋势。

### 2.1.1.2　全面巡视

干式电抗器的全面巡视是在例行巡视的基础上增加了以下项目：

（1）电抗器室干净整洁，照明及通风系统完好。

（2）电抗器防小动物设施完好。

（3）接地引线完好。

（4）端子箱门关闭，封堵完好，无进水受潮。

（5）端子箱体内加热、防潮装置工作正常。

（6）表面涂层无破裂、起皱、鼓泡、脱落现象。

（7）端子箱内孔洞封堵严密，照明完好，电缆标牌齐全、完整。

### 2.1.1.3　熄灯巡视

熄灯巡视主要包括：①检查引线和接头，无放电、发红过热迹象；②检查绝缘子，无电晕、闪络、放电痕迹。

### 2.1.1.4　特殊巡视

特殊巡视包括新投入巡视、异常天气时巡视和故障跳闸后的巡视。

（1）新投入巡视。新投入后的设备是较易发生故障的，此时应特别加强巡视，主要应该注意的方面有：

1）声音应正常，如果发现响声特别大、不均匀或者有放电声，应认真检查。

2）表面无爬电，壳体无变形。

3）表面油漆无变色，无明显异味。

4）红外测温电抗器本体和接头无发热。

5）新投运电抗器应使用远红外成像测温仪进行测温，注意留存红外测温成像图谱资料。

（2）异常天气巡视。干式电抗器一般在户外运行，容易受到外界各种气候环境因素的影响，在遇到异常天气时，应该特别加强巡视，此时主要需要注意的方面有：

1）气温骤变时，检查一次引线端子有无异常受力，有无散股、断股，撑条有无位移、变形。

2）雷雨、冰雹、大风天气过后，检查导引线摆动幅度及有无断股迹象，设备上有无飘落积存杂物，瓷套管有无放电痕迹及破裂现象。

3）浓雾、毛毛雨天气时，瓷套管有无沿面闪络、放电或异常声响。

4）高温天气时，应特别检查电抗器外表面有无变色、变形，有无异味或冒烟。

5）下雪天气时，应根据接头部位积雪融化迹象检查是否发热，检查导引线积雪累计厚度情况，及时清除导引线上的积雪和形成的冰柱。

（3）故障跳闸后的巡视。故障跳闸后的巡视，主要应该注意：

1）线圈匝间及支持部分有无变形、烧坏。

2）回路引线接点有无发热现象。

3）检查本体各部件无位移、变形、松动或损坏。

4）外表涂漆是否变色，外壳有无膨胀或变形。

5）瓷件有无破损、裂缝及放电闪络痕迹。

## 2.1.2 干式电抗器运行常见问题

干式电抗器在运行过程中，主要存在表面性能劣化、本体异常发热、漏磁、漏电起痕等常见问题。

### 2.1.2.1 表面性能劣化

干式电抗器材料选择不当或是固化工艺不当，都可能导致绝缘表面皲裂、粉化及高温下流淌等表面性能劣化问题。在电抗器设计时，一般应使用铝线作导线，因为铝线与绝缘材料膨胀系数相近，可以避免产生绝缘开裂。然而，铝线烧制的空心电抗器可能存在起皮、夹渣、毛刺等缺陷，在运行过程中引起铝线损伤，并导致导线断线、放电损伤匝间绝缘等故障。干式电抗器的烧制一般选用湿法烧制，即用未凝胶固化的环氧树脂浸润电磁线及玻璃纤维等绝缘填充材料后烧制，这种方法对于环境的温湿度要求很高，一旦控制不严容易吸潮，并带入杂质。此外，在电抗器烧制完成进行固化的过程中，如果固化不好，可能导致电抗器绝缘表面出现皲裂、粉化。部分电抗器，尤其是室温固化的电抗器有局部过热或焊口不良等缺陷时，将在高温的作用下出现流淌，使绝缘内部形成空泡，极易造成匝间绝缘的破坏。

皲裂、粉化这些劣化现象都是浅表性的，一旦发现应尽早处理，避免发展加重形成不可逆的劣化。可以使用砂纸对劣化的表面材料进行打磨，再用无水溶剂（如无水乙醇）进行清洗，最后涂刷耐气候性能优良并与基础材相容性好的漆或涂料即可。对于过热而引起流淌的问题，只能是加强监视，在过热点出现"出汗点"时就给予特别关注，并联系设备生产厂家进行处理，避免故障扩大。

### 2.1.2.2  本体异常发热

电抗器在运行过程中，如果出现热点温度过高，而绝缘材料耐热等级偏低的情况，在长期热效应积累下，会造成局部过热鼓包、绝缘损坏。造成电抗器异常发热的主要原因有：

（1）温升的设计值与规定温升限值之间裕度不够。

（2）焊接质量问题导致的接线端子与绕组焊接位置产生附加电阻，由此导致附加损耗，使得接线端子处温度过高。

（3）铝材料中含有电阻率较高的杂质，线圈电阻的不均匀导致了电流分布不均匀，运行时便会发生局部过热。

（4）运行过程中可能存在运行电压高于额定运行电压而低于最高运行电压的情况，若电抗器导线电流密度过大，将导致包封温升升高，引起整体发热。

（5）电抗器气道被异物堵塞，运行过程中的热量不能及时散发，也会引起局部温度过高甚至着火。

关于电抗器本体异常发热的问题，应在设计时就尽量避免，需要设计合理的电抗器温升水平，选择合理设计裕度，选用足够高耐热等级的绝缘材料。同时，还需要加强电抗器的维护，可以采用红外测温法监视其发热情况及发热部位，以及定期展开直流电阻测试，依据所测电阻值与出厂值的偏差判断导线中是否存在断线。

### 2.1.2.3　漏磁

干式空心电抗器在运行时，周围会产生比较强烈的磁场，处在磁场范围内的铁磁物质或者金属体形成闭合回路，就会产生漏磁现象。在电抗器轴向位置有接地网，径向位置有设备、遮栏、构架等，都可能因金属体构成闭环造成较严重的漏磁问题，其漏磁将感应环流达数百安培，不仅使材料局部产生高温，电抗器有功损耗增加，同时磁场分布的改变也会影响电抗器的运行参数，干扰电抗器正常运行。

一般而言，只要消除闭合的金属环路，如远离金属构架，不使用金属围栏等，就可解决漏磁的问题，较困难的是避免接地网及水泥构件中的闭环回路。应在安装之前，核查安装点是否在闭环的接地网或含金属闭环的水泥构件。

### 2.1.2.4　漏电起痕

漏电起痕是有机外绝缘设备共有问题，它对绝缘损伤是不可逆的。

放电痕迹主要有电抗器表面放电痕迹和绝缘撑条放电痕迹两种，虽然一般都为浅表绝缘损伤，且发展过程较长，然而若处置不及时或处理不当，容易使表面发生闪络，甚至导致包封内绕组的电位分布同电抗器表面电位分布不一致，使原来基本不承受电压的径向绝缘，也承受一定的电压，发生绕组匝间绝缘击穿，造成电抗器的烧毁，对电抗器安全稳定运行的危害较大。

为了消除漏电起痕，应涂刷憎水性涂料，提高电抗器表面在受潮条件下的电阻率；可以通过设置多个高阻带的方式，减小泄漏电流，并将泄流路径截成若干段，以避免电流集中，防止电弧形成；可以设置均流金属屏蔽环与电极同电位且与电抗器表面紧密接触，避免电极附近泄漏电流集中，密度增大，导致气隙气泡放电。

## 2.1.3　干式电抗器日常维护

干式电抗器的日常维护内容主要为外观检查、紧固件检查及污秽处理。维护过程中最主要的方法是红外检测，检测范围一般为电抗器及其附属设备，需重点检测电抗器本体、引线接头盒电缆终端。配置智能机器人巡检系统的变电站，可由智能机器人完成红外普测和精确测温，由专业人员进行复核。依据电压等级的不同，干式电抗器的精确测温次数也不同：对于 1000kV 变电站，需要每月精确测温 1 次；330～750kV 变电站迎峰度夏前、迎峰度夏期间、迎峰度夏后各开展 1 次精确测温；220kV 及以下变电站，迎峰度夏前和迎峰度夏中各开展 1 次精确测温。

干式电抗器的外观检查，主要是对本体、绝缘子、引出线等结构进行检查。首先要注意的是干式电抗器本体外表面的环氧层是否存在开裂情况，表面 RTV 涂层是否发生起皮、粉化或脱落；需要检查外包封表面颜色是否发生改变，检查爬电和表面色泽局部是否存在不一致的异常现象。复合支柱绝缘子是电抗器主要采用的支撑结构，由于绝缘子一旦存在缺陷会发生明显变化，这就使绝缘子的外观检查成为检测其劣化、老化的有效手段。而电抗器引出导线检查主要是检查其是否有损伤断裂、与汇流排焊接是否良好，如果存在故障会引起其他相邻支路过负荷而影响产品寿命。

干式电抗器的紧固件的维护，最主要的是检查防雨帽、防雨隔栅、长短支撑等与螺栓连接的部位，这些部位的紧固螺栓一旦脱落，有可能掉入电抗器风道，影响设备安全稳定运行。需要注意的是，在检查螺栓的紧固情况时，如果发现螺栓松动，应涂抹螺纹锁固剂再紧固；若出线端子螺栓松动或接触不良，则应抛光导电接触面，并均匀涂抹薄层导电膏再紧固。

由于干式电抗器一般都在户外运行，电抗器及支柱绝缘子的表面都会受到污秽的影响。所以，应结合当地的气象条件，定期对绝缘子进行清扫，保证清扫质量。需要特别说明的是，对于空心电抗器，风道是其主要的散热面，但风道空间狭小，自洁能力比内外表面差，不仅容易受到污秽的影响，而且污秽状况不易观察，容易导致电抗器故障，因而将风道检查列为专项维护内容。

## 2.2　干式电抗器故障检测技术

### 2.2.1　干式电抗器常见故障/异常

#### 2.2.1.1　干式铁芯电抗器的常见故障

（1）绝缘材料表面性能劣化引起的故障。由绝缘材料选择、配比及固化操作不当等问题引起的缺陷，主要表现为绝缘表面开裂、粉化及高温下融化等。主要原因有：

1）绝缘固化的好坏与固化剂、促进剂、周围环境等有较大关系，同一配方、工艺可因固化剂、促进剂活性的差异，环境温度、湿度的差异而得出性能差异很大的树脂料，最终导致电抗器绝缘表面出现开裂、粉化，表面性能下降。

2）室温固化的电抗器有局部过热或焊口不良等缺陷时，这些看似已经固化良好的树脂在高温（大于 80℃）的作用下，将出现流淌和重固化的过程，由于在固化前伴随树脂流淌而使绝缘内部形成空泡，极易造成匝间绝缘的破坏。

3）多数厂家控制环氧树脂质量手段有限，更难以做到根据不同批次的环氧树脂调整配方，因此材料、配方不一，导致环氧树脂的固化难以达到最佳状态而留下隐患，从而加速表面劣化。

（2）匝间绝缘故障。

1）线圈绝缘存在先天缺陷。线圈绝缘包括包封绝缘、匝间绝缘、层间绝缘、段间绝缘、端部绝缘等。绕制线圈时，导线绝缘缺陷未消除或导线绝缘破损，导致导线绝缘强度下降，影响匝间绝缘。

2）工艺操作方法不当。对线圈进行真空环氧树脂浇注，是线圈生产的重要环节。这个过程中环氧树脂持续渗入线圈，线圈内部受力发生变化，在导体位移风险。如果工艺操作方法不当，部绝缘结构就容易遭到破坏，影响匝间绝缘。

3）局部绝缘材料劣化。产品运行后，漏磁较大区域，铁芯气隙附近，线匝涡流损耗增加，发生局部过热；此外，线圈包封过厚，使得内外温差较大，造成线圈中心温度偏高，加速线圈局部绝缘材料劣化，导致干式铁芯电抗器匝间故障率高。

（3）漏磁引起的故障。

1）在电抗器轴向位置有接地网，径向位置有设备、遮栏、构架等，都可能因金属体构成闭环造成较严重的漏磁问题，若有闭环回路，如地网、构架、金属遮栏等，其漏磁将感应环流达数百安培。

2）若径向位置有闭环，将使电抗器绕组过热或局部过热，同变压器二次侧短路情况类似，如果是轴向位置存在闭环，将使电抗器电流增大和电位分布改变，故并不能简单地认为漏磁问题只是发热或增加损耗。

（4）沿面放电引起的故障。沿面放电故障主要表现为电抗器表面放电和绝缘撑条放电两种。

1）电抗器表面放电故障。电抗器的环氧树脂外绝缘属于亲水性物质，在雨、潮湿天气下表面易形成水膜，导致表面泄漏电流增大。受潮、污秽不均则产生局部干带状并造成电场集中而引发小电弧，进而破坏局部表面特性，逐步发展成较稳定的放电通道。如材料耐漏电起痕水平低，则绝缘表面出现炭化状的浅表痕迹，使电场前突畸变，痕迹前端更易形成干区和火花放电，形成恶性循环。

2）绝缘撑条放电痕迹。不仅使表面易闪络，而且导致绕组的电位分布同表面电位分布不一致，使本来基本不承受电压的径向绝缘承受一定的电压，并使绕组易发生匝间绝缘击穿。

### 2.2.1.2 干式空心电抗器的常见故障

干式空心电抗器的运行故障主要是由于绝缘受潮、局部放电电弧、局部过热绝缘烧损等线圈匝间绝缘击穿，以及漏磁造成周围金属构架、接地网、高压柜内接线端子发热和干式空心电抗器结构件松动导致的异响。主要表现为：外表面树枝放电、滑闪、局部击穿、匝间短路、烧损和异响等。

（1）匝间短路。干式电抗器匝间短路会直接导致其电路状态发生变化而无法正常工作，甚至发生过热着火或停运，匝间短路的发生也往往是多方面的原因综合导致的，总结来说有以下原因：为平衡各层间电流，电抗器上会加装调匝环，调匝环位于电抗器上方，是进线的前几匝，易受到操作过电压的冲击且工作环境温度较高，另外，若调匝环工艺和材质不佳，这些都会导致匝间短路；操作过电压在电抗器上分布不均匀且匝间首端的电位梯度较高，产生的电蚀效应长时间累积造成匝间绝缘老化，最终发展成为匝间短路、电抗器起火烧损；制造工艺不良，存在匝间绝缘薄弱点，投运后局部过热引起匝间热击穿；制造绝缘材料不良导致匝间绝缘强度不够，或绝缘材料的耐热等级不够而容易老化；当干式电抗器受运行及环境影响后，包封开裂，匝间绝缘进水受潮；异物进入电抗器通风道堵塞通风引起的局部过热、包封表面材料老化或包封表面污秽严重引起的树枝状爬电等异常。

（2）绝缘老化。干式空心电抗器长时间在户外运行，受恶劣环境的影响，对多台退役干式空心电抗器的研究发现，每层绕组顶部环氧包封的老化程度异常严重，匝间绝缘聚酯薄膜粉化程度很高，温度越高、湿度越大、施加电压越高，测得的介损越大。通过多起电抗器烧毁事故可知：在长时间运行后，气候温度差异造成干式空心电抗器环氧树脂层热胀冷缩，进而变形产生裂纹，水分或微小污秽物经裂纹进入包封内部，进而导致绝缘老化。此外，包裹在导线外面的聚酯膜在高温作用下较易产生水解，长时运行后绝缘劣化严重。多例干式空心电抗器烧毁事故均发生在夏季高温暴雨时节，这和制造电抗器的绝缘材料在发热后遇到急冷时发生开裂有直接的关系。

（3）污秽。由多例故障电抗器的解体发现，电抗器会沿着鸟类粪便、空气污染物或者其他类型的污秽发生严重爬电。污秽在环境干燥不会导电，而在阴雨天气电抗器的污层就易被浸湿，在电导电流较大的情况下被浸湿的污层就会被电流产生的热量烘干，进而形成干区。而在干区的两端将被施以一定的电压，随之会导致爬电的发生。这些爬电沿着污秽发展，但不是所有的污秽处都有爬电。若绝缘开裂，则有污秽的地方更容易产生爬电，进而导致绝缘的进一步破坏。

（4）局部过热。干式空心电抗器最突出的问题是局部过热，有时最热点温度会超过100℃。温度稳定性和热状态是电抗器设计、制造质量的重要指标。采用B级绝缘的干式空心电抗器，比较容易因为绝缘耐热水平不够导致电抗器烧毁事故发生，因而推荐采用F级绝缘。但干式空心电抗器为F级绝缘时，过热导致烧毁问题仍时有发生。干式空心电抗器各支路的设计以及制造工艺水平是局部过热问题的关键。比如，若电抗器的铝导体制造过程中夹杂了杂质，会导致各包封铝导线电流分布不均匀，进而导致了磁场分布不均，在运行过程中会出现局部过热的缺陷，加上铝导线通流密度偏大、使用的绝缘材料耐热等级偏低，在长期的热效应累积下，造成局部过热鼓包、绝缘损坏的现象。另外，由于空心电抗器对外漏磁严重如果电抗器周围存在由金属部件形成的闭合回路（如接地网），就会加剧局部过热。如果电抗器包封之间风道太窄影响散热，也会造成局部温升过高，进而可能导致绝缘烧毁。

（5）异响。干式电抗器异响来源主要分为两个方面：①电气因素导致的异响；②机械结构导致的异响。电气因素导致的异响有污秽爬电、匝间绝缘击穿、绝缘缺陷放电、电晕放电等。机械结构导致的异响主要是，在长期振动条件下，安装在干式空心电抗器上的绝缘子固定螺栓、防雨罩固定螺栓等会发生松动或螺栓安装处未安装缓震垫而产生异响，对电抗器的结构稳定具有一定的威胁。在故障发生初期，异响是对干式电抗器运行状态判断的重要指标。

总的来说，铁芯电抗器与空心电抗器在故障的来源上面具有很大的相似性。但因结构上的不同也有以下区别：铁芯电抗器具有铁芯结构，因此使得铁芯产品的噪声较空心产品高，异响故障的发生概率也高一些。空心电抗器的主要故障集中在匝间短路，其磁路较铁芯电抗器也更加开放，因此其因漏磁导致的局部过热故障也更容易发生，对于铁芯电抗器而言，其绕组与撑条结构是用环氧树脂整体固化在一起的，与绝缘相关的缺陷发生概率较空心电抗器高一些。

## 2.2.2 电气设备不停电检测技术研究现状

近年来国内外的众多电气领域研究人员根据实际生产需要，在干式电抗器等电网主设备的不停电检测方面取得了丰硕的研究成果，促使检测技术水平不断提升，形成了电气、化学、光学、声学等多位一体的检测新格局。同时，基于不停电检测的设备状态评价与诊断新方法层出不穷，通过现场实测与后期的评价诊断发现了许多设备潜伏性缺陷，有效避免了很多故障的发生。

### 2.2.2.1 电气设备不停电检测技术

（1）电气特征量检测。脉冲电流法是研究最早、应用最广泛的一种局部放电（以下简称局放）检测方法，IEC对此制定了专门的标准，并成为电网主设备局部放电的最主要监测手段。有学者对干式电抗器绝缘材料局部放电特性及劣化机理展开了研究，通过自制模具制备的环氧树脂试样作为实验材料，采用斜板法模拟环氧树脂浇注绝缘材料的表面放电，采用针板电极模拟环氧树脂浇注绝缘材料的内部放电，局部放电检测仪采用脉冲电流法对环氧树脂试样进行局部放电检测。研究了两种电老化对环氧树脂绝缘材料绝缘性能的影响，总结了环氧树脂浇注绝缘材料局部放电特征量的发展规律。但该方法也存在一定的缺陷，例如检测阻抗和放大器对测量的灵敏度、准确度、分辨率以及动态范围等有影响；测试频率低，一般小于 1MHz，因而包含的信息量少；在离线状态其灵敏度较高，而现场中易受外界干扰噪声的影响等。

特高频局放检测法在电流互感器、高压断路器、开关柜以及变压器的局放检测等方面都有所应用，频率范围集中在 300MHz～1.5GHz。但目前，特高频方法测量局部放电的研究也面临着一些问题，由于测量机理问题，无法进行视在放电量的标定，而且一般外置式传感器灵敏度明显低于内置式，所以现场一般需要对电网主设备（如变压器）的结构进行一些改动，一般是变压器预埋传感器开孔或利用放油阀将特高频传感器伸进变压器箱体，这对于已投运行的变压器而言，改造时难免引起变压器油受潮或漏油的问题。

等效电感监测法是一种基于等效电感变化的匝间短路故障监测方法。其基本原理是正常运行情况下，干式空心电抗器简化为等效电阻和等值电感组成的电路模型，鉴于等效电阻与等效电抗相差几个数量级，因此等效电阻忽略不计，等效电路简化为由等值电感组成。正常运行时，干式空心电抗器的等值电感值不变，而发生匝间短路故障后，由于漏感现象，所以等值电感发生变化，通过引入 $\Delta L$（漏感）保证等值电感不变。因此，等效电感监测法是通过判断 $\Delta L$ 变化监测干式空心电抗器匝间短路故障。尽管检测电气量的变化是最容易、最明显、最直接的方法，但是考虑到电感线圈的电感特性，只有在电抗器发生严重故障时，电流、电压、阻抗等电气量才会发生明显变化。因此，通过电气参数信息来反应电抗器故障的方法可靠性，实用性较差。

（2）化学特征量检测。当电力设备中发生局放时，各种绝缘材料会分解破坏，产生新的生成物，通过检测生成物的组成和浓度，可以判断设备的状态。在气体绝缘断路器中，局部放电会使 $SF_6$ 气体分解，主要生成 $SOF_2$ 和 $SO_2F_2$，用气体传感器检测这两种气体的含量即可检测是否有局部放电产生。变压器方面，国内外专家学者及生产厂商相继研制且推广了一些基于 DGA 的大型变压器在线监测及带电检测装置，一定程度上提升了大型变压器安全、稳定运行能力，同时也暴露了很多问题，为更好地实施状态检修积累了丰富的经验。

（3）光学特征量检测。红外线成像法主要用来检测电气设备由于介电损耗或电阻损耗等引起的局部温度升高，目前已得到广泛应用。红外热成像技术在电气设备带电检测方面应用主要集中在干式电抗器、干式电抗器、线路等局部过热在线监测方面。红外检测技术由于其本身的局限性，在故障发热功率较小或者离表面距离较远时效果不佳。

紫外光功率检测法就是利用紫外探测器接收电力设备局放产生的紫外光信号，通过检测到的紫外光功率值计算电晕放电的能量值。该种检测系统一般是由紫外光纤探头、紫外探测器和信号采集处理单元等组成，为了能探测到微弱光信号，光纤探头采用球状结构增加入射光通量，探测器采用紫外光电倍增管放大微弱信号。但只有电压超过电晕放电的临界值的局部放电才能被紫外探测器检测到，检测灵敏度低，不利于微弱信号的检测。

紫外光成像检测法就是利用局部放电产生的信号源通过紫外光束分离器分为两束，其中一束经过紫外滤光镜滤掉紫外光以外的光线进入紫外光镜头，在紫外相机中形成紫外图像；另一束信号经处理后进入可见光镜头，并在可见光相机中形成可见光图像。之后采用特定的图像处理和融合方法，输出包含局部放电信号的图像，达到确定局部放电位置和强度的目的。但紫外光成像仪容易受到温度、湿度、气压、观测距离等环境和仪器自身增益影响，导致紫外成像技术很难定量分析局部放电量。

（4）振动特征量检测。声学、振动等机械波作为一种优质特征量正越来越受到研究人员的关注，现有的不停电检测技术体系中，主要集中于超声和设备箱体外部振动方面。振动法主要应用在变压器绕组变形、铁芯故障以及夹件松动等带电检测领域。

振动分析是一种体外检测技术，通过安装在设备表面的一个或多个振动传感器获取设备运行过程中的振动信号，提取时域或频域的特征信息，然后采用一定的故障诊断方法评估设备的工作状态。随着信号处理技术的不断发展，可以从振动信号中提取越来越丰富的设备运行的状态特征信息。此外，振动传感器尺寸小、重量轻、安装方便、工作可靠且价格低廉，非常适合在线检测或户外临时性检测的场合。

从目前国内外对变压器进行振动测试与研究的重点来看，大致可以分为三个方面：①对电气设备产生振动的机理进行研究，包括故障原因、故障发展和趋势预测等；②对振动信号进行分析，包括谱分析、噪声分离技术等；③对振动监测分析系统的研制，包括测点布置、信号隔离及故障分析等。振动法受到的干扰因素较小，但振动在线检测方法还存在振动模型不够准确、相关标准不全面、振动信号传递过程的分析不具体、监测参数不全面等多个问题，技术尚不成熟，研究仍处于起步阶段。

### 2.2.2.2　声学成像的干式电抗器非接触式检测

干式电抗器在运行过程中由于受到电磁力、机械应力的作用，绕组、本体组部件等会发生振动并产生机械波，经过绝缘介质与腔体的传播，产生的声学信号包含了大量的设备状态信息。尤其是当设备发生缺陷或故障后，内部组件或结构发生机械形变，会使其声学指纹（以下简称声纹）改变，可以作为诊断缺陷及故障的重要特征参量。

声学成像检测是一种声音定位检测和分析诊断系统，声像图与可见光的视频图像叠加，形成类似红外热像仪的检测效果，可对稳态、瞬态以及运动声源进行定位。另一方面，将可见光成像技术与声信号阵列传感器相结合的新检测装置的研发目前处于国内的领先水平，相比较传统红外、紫外成像检测手段，该设备具有成本低、体积小，使用便捷可靠、检测精度高等诸多优点，再配合上成熟的可见光成像技术，让电力设备的异常振动或放电等故障导致的设备运行状态变化更加立体全面地呈现在巡检人员面前，增加电气设备巡检的实时性、全面性、灵活性和普及性，能满足工程实际检测需求，具备较高的工程应用价值。而人工智能技术的发展又给基于声信号可视化的干式电抗器智能诊断提供了前所未有的机遇。基于深度学习的信号识别模式相比传统的信息处理模式拥有更多层的非线性变换，更适合解决电力设备中复杂的非线性问题；在表达和建模能力上更加强大，能灵活高效的处理海量复杂声纹信息的同时，提供更加准确和智能的判断结果。

相比较传统紫外成像检测手段，基于声音信号阵列传感器的新检测装置具有成本低、体积小，使用便捷可靠、检测精度高等诸多优点，再配合上成熟的可见光成像技术，让电力设备的放电等故障运行状态更加立体全面地呈现在巡检人员面前，增加电气设备巡检的实时性、全面性、灵活性和普及性，能满足工程实际检测需求，具备较高的工程应用价值。

# 3 基于可听声学的干式电抗器故障检测方法

本章以声学可视化故障检测技术为背景，结合干式电抗器的结构特点和声场特性，介绍了实现基于声信号可视化的干式电抗器故障检测技术的关键环节。本章介绍的干式电抗器声场可视化检测技术的关键内容包括干式电抗器振动及声场特性、声学传感器选型及布置、故障模拟、声信号处理及可视化等。

针对干式电抗器的声学故障检测，有助于推动不停电检测技术（带电检测、在线监测）的不断完善，大幅减少停电时间。同时可提高关键特征量提取的及时性，有利于提前发现设备隐患。基于声学的不停电检测的状态可视化将更适应未来干式电抗器智能运检工作的需要。

## 3.1 干式电抗器力学特性分析

在正常工作状况下，干式电抗器整体会产生频率在数十千赫兹以下的振动，人耳听到的"嗞嗞"的声音就是电抗器振动所发出的噪声。噪声的来源包括其绕组在交变磁场中的振动、磁致伸缩振动和构成电抗器的相关机械结构件或电抗器结构之间的空隙振动，下面对干式电抗器的主要振动特征进行分析。

### 3.1.1 电磁振动特性

任何通电导体在磁场中都会受到力的作用。当交变电流通过线圈时，带电线圈在交变磁场中会产生电磁力，形成电抗器的绕组振动，从而产生噪声，这是干式电抗器的主要噪声来源。

由安培定律可知，绕组的电磁力与磁感应强度和绕组电流的乘积成正比，与电流的平方成正比，即

$$F \propto B \times I \propto I^2 \tag{3-1}$$

（1）当通入单频电流时

$$i(t) = A\sin(2\pi ft)$$

$$i^2(t) = [A\sin(2\pi ft)]^2 = \frac{1}{2}A^2[1 - \cos(2\pi \times 2ft)] \qquad (3\text{-}2)$$

此时，干式电抗器受到的电磁力频率应该为所加载电流频率 $f$ 的 2 倍。

（2）当通入含有两个频率的组合电流 $i(t) = A_1\sin(2\pi f_1 t) + A_2\sin(2\pi f_2 t)$ 时，记 $i_1(t) = A_1\sin(2\pi f_1 t)$，$i_2(t) = A_2\sin(2\pi f_2 t)$，则

$$i_1^2(t) = [A_1\sin(2\pi f_1 t)]^2 = \frac{1}{2}A_1^2[1 - \cos(2\pi \times 2f_1 t)] \qquad (3\text{-}3)$$

$$i_2^2(t) = [A\sin(2\pi f_2 t)]^2 = \frac{1}{2}A_2^2[1 - \cos(2\pi \times 2f_2 t)] \qquad (3\text{-}4)$$

$$i_1(t)i_2(t) = A_1\sin(2\pi f_1 t)A_2\sin(2\pi f_2 t)$$

$$= \frac{1}{2}A_1 A_2\{\cos[2\pi(f_1 + f_2)t] - \cos[2\pi(f_1 - f_2)t]\} \qquad (3\text{-}5)$$

此时，电抗器绕组受到的电磁力不仅有 $i_1(t)$、$i_2(t)$ 单独作用时产生的频率为 $2f_1$、$2f_2$ 的电磁力，还有两个不同频率电流相互作用产生的频率为 $f_1 + f_2$、$|f_1 - f_2|$ 电磁力。

（3）当通入含有三个频率的组合电流 $i(t) = A_1\sin(2\pi f_1 t) + A_2\sin(2\pi f_2 t) + A_3\sin(2\pi f_3 t)$ 时，记 $i_1(t) = A_1\sin(2\pi f_1 t)$、$i_2(t) = A_2\sin(2\pi f_2 t)$、$i_3(t) = A_3\sin(2\pi f_3 t)$，则

$$i_1^2(t) = \frac{1}{2}A_1^2[1 - \cos(2\pi \times 2f_1 t)] \qquad (3\text{-}6)$$

$$i_2^2(t) = \frac{1}{2}A_2^2[1 - \cos(2\pi \times 2f_2 t)] \qquad (3\text{-}7)$$

$$i_3^2(t) = \frac{1}{2}A_3^2[1 - \cos(2\pi \times 2f_3 t)] \qquad (3\text{-}8)$$

$$i_1(t)i_2(t) = A_1\sin(2\pi f_1 t)A_2\sin(2\pi f_2 t)$$

$$= \frac{1}{2}A_1 A_2\{\cos[2\pi(f_1 + f_2)t] - \cos[2\pi \times (f_1 + 2f_2)t]\} \qquad (3\text{-}9)$$

$$i_1(t)i_3(t) = A_1\sin(2\pi f_1 t)A_2\sin(2\pi f_3 t)$$

$$= \frac{1}{2}A_1 A_3\{\cos[2\pi(f_1 + f_3)t] - \cos[2\pi(f_1 + f_3)t]\} \qquad (3\text{-}10)$$

$$i_3(t)i_2(t) = A_3\sin(2\pi f_3 t)A_2\sin(2\pi f_2 t)$$

$$= \frac{1}{2}A_3A_2\{\cos[2\pi(f_3+f_2)t] - \cos[2\pi(f_3+f_2)t]\} \quad (3-11)$$

电磁力不仅有 $i_1(t)$、$i_2(t)$、$i_3(t)$ 单独作用时产生的频率为 $2f_1$、$2f_2$、$2f_3$ 的电磁力，还有任意两频率电流相互作用产生的频率为 $f_1+f_2$、$|f_1-f_2|$、$f_1+f_3$、$|f_1-f_3|$、$f_3+f_2$、$|f_3-f_2|$ 的电磁力。

干式电抗器所加载电流中的谐波分量越多，产生电磁力的构成频率数量也急剧增多，这就会导致电抗器受到的激励力频率和电抗器固有频率的重合机率大幅度增加，更容易产生振动。

### 3.1.2 结构振动特性

对于干式铁芯电抗器，在其正常工作时，被磁化的硅钢片会发生磁致伸缩现象，从而在其内部产生磁致伸缩应力，对外表现为振动变形。电抗器该部分的力学特性可利用弹性力学进行分析。为了描述物体中某一点的应力状态，通常在空间直角坐标系中围绕该点取出了一个微小的正六面体，如图 3-1 所示。

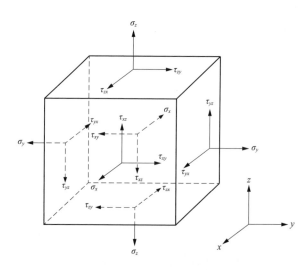

图 3-1 物体受力时内部某一点的应力张量

在图 3-1 中，微小平行六面体的每一个平面的法向量分别与坐标轴 $x$、$y$、$z$ 相重合。弹性体在受到外力作用下，体内任意一点的应力状态均可以由 9 个应力分量来表示，分别为正应力 $\sigma_x$、$\sigma_y$、$\sigma_z$，剪应力 $\tau_{xy}$、$\tau_{yx}$、$\tau_{zx}$、$\tau_{xz}$、$\tau_{yz}$、$\tau_{zy}$。根据材料力学的剪应力互等关系，则有 $\tau_{xy}=-\tau_{yx}$，$\tau_{yz}=-\tau_{zy}$，$\tau_{zx}=-\tau_{xz}$。即物体某一点的应力状态用正应力 $\sigma_x$、$\sigma_y$、$\sigma_z$，剪应力 $\tau_{xy}$、$\tau_{yx}$、$\tau_{zx}$ 来表示。同理，与应力相对应的是物体的应变，同样用 6 个应变分量来表示。分别为正应变 $\varepsilon_x$、$\varepsilon_y$、$\varepsilon_z$ 和剪应变 $\gamma_{xy}$、$\gamma_{yz}$、$\gamma_{zx}$。应变的正负号规定：应变以伸长为正，缩短为负；剪应变以两个正向坐标组成的夹角变小为正，夹角变大为负。

在弹性力学中通常用平衡方程来描述应力与外力的关系，其方程可以表示为

$$\begin{cases} \dfrac{\partial \sigma_x}{\partial x}+\dfrac{\partial \tau_{yx}}{\partial y}+\dfrac{\partial \tau_{zx}}{\partial z}+F_x=\rho\dfrac{\partial^2 u}{\partial t^2} \\[3mm] \dfrac{\partial \tau_{xy}}{\partial x}+\dfrac{\partial \sigma_y}{\partial y}+\dfrac{\partial \tau_{zy}}{\partial z}+F_y=\rho\dfrac{\partial^2 v}{\partial t^2} \\[3mm] \dfrac{\partial \tau_{xz}}{\partial x}+\dfrac{\partial \tau_{yz}}{\partial y}+\dfrac{\partial \sigma_z}{\partial z}+F_z=\rho\dfrac{\partial^2 w}{\partial t^2} \end{cases} \tag{3-12}$$

式中：$F_x$、$F_y$、$F_z$ 分别为单元力在直角坐标系中 $x$、$y$、$z$ 方向上的分量；$\rho$ 为物体的密度，$\rho\dfrac{\partial^2 u}{\partial t^2}$、$\rho\dfrac{\partial^2 v}{\partial t^2}$、$\rho\dfrac{\partial^2 w}{\partial t^2}$ 为任意一点的加速度在 $x$、$y$、$z$ 轴上的分量。

在弹性力学中，弹性体内任一点的应力、应变和位移分量都随着该点位置的变化而变化，都是位置坐标的函数，因此，物体在受力作用下位移量均可由直角坐标分量来表示，即 $u$、$v$、$w$。忽略位移导数的高次幂，在微小变形和小位移的情况下，应变与位移的几何方程为

$$\varepsilon=\begin{bmatrix} \varepsilon_x \\ \varepsilon_y \\ \varepsilon_z \\ \gamma_{xy} \\ \gamma_{yz} \\ \gamma_{zx} \end{bmatrix}=\begin{bmatrix} \dfrac{\partial}{\partial x} & 0 & 0 \\[2mm] 0 & \dfrac{\partial}{\partial y} & 0 \\[2mm] 0 & 0 & \dfrac{\partial}{\partial z} \\[2mm] \dfrac{\partial}{\partial y} & \dfrac{\partial}{\partial x} & 0 \\[2mm] 0 & \dfrac{\partial}{\partial z} & \dfrac{\partial}{\partial y} \\[2mm] \dfrac{\partial}{\partial z} & 0 & \dfrac{\partial}{\partial x} \end{bmatrix}\begin{bmatrix} u \\ v \\ w \end{bmatrix} \tag{3-13}$$

对于弹性体来说，应力与应变之间满足广义胡克定律，可表示为 $\sigma = D\varepsilon$，式中，$\sigma$ 为材料的应力；$\varepsilon$ 为相对应的应变量；$D$ 为弹性张量。其中 $D$ 写成矩阵的形式为

$$D = \frac{E(1-\alpha)}{(1+\alpha)(1-2\alpha)} \begin{bmatrix} 1 & \frac{\alpha}{1-\alpha} & \frac{\alpha}{1-\alpha} & 0 & 0 & 0 \\ \frac{\alpha}{1-\alpha} & 1 & \frac{\alpha}{1-\alpha} & 0 & 0 & 0 \\ \frac{\alpha}{1-\alpha} & \frac{\alpha}{1-\alpha} & 1 & 0 & 0 & 0 \\ 0 & 0 & 0 & \frac{1-2\alpha}{2(1-\alpha)} & 0 & 0 \\ 0 & 0 & 0 & 0 & \frac{1-2\alpha}{2(1-\alpha)} & 0 \\ 0 & 0 & 0 & 0 & 0 & \frac{1-2\alpha}{2(1-\alpha)} \end{bmatrix}$$

$$(3-14)$$

式中：$E$ 为材料的杨氏模量；$\alpha$ 为弹性材料的泊松比。

则应力与应变的本构方程表示为

$$\begin{bmatrix} \sigma_x \\ \sigma_y \\ \sigma_z \\ \tau_{xy} \\ \tau_{yz} \\ \tau_{zx} \end{bmatrix} = \frac{E(1-\alpha)}{(1+\alpha)(1-2\alpha)} \begin{bmatrix} 1 & \frac{\alpha}{1-\alpha} & \frac{\alpha}{1-\alpha} & 0 & 0 & 0 \\ \frac{\alpha}{1-\alpha} & 1 & \frac{\alpha}{1-\alpha} & 0 & 0 & 0 \\ \frac{\alpha}{1-\alpha} & \frac{\alpha}{1-\alpha} & 1 & 0 & 0 & 0 \\ 0 & 0 & 0 & \frac{1-2\alpha}{2(1-\alpha)} & 0 & 0 \\ 0 & 0 & 0 & 0 & \frac{1-2\alpha}{2(1-\alpha)} & 0 \\ 0 & 0 & 0 & 0 & 0 & \frac{1-2\alpha}{2(1-\alpha)} \end{bmatrix} \begin{bmatrix} \varepsilon_x \\ \varepsilon_y \\ \varepsilon_z \\ \gamma_{xy} \\ \gamma_{yz} \\ \gamma_{zx} \end{bmatrix}$$

$$(3-15)$$

磁致伸缩力的大小可采用虚功原理或弹性力学原理进行计算。根据虚功原理，当磁通保持不变时，沿位移方向的电磁作用力等于磁能相对位移的变化，

将有限元法与虚功原理相结合，得到单元磁致伸缩力的表达式为

$$F_{\text{mag}}^{e} = -\int_{\Delta^e} \left\{ \left( \int_0^B \frac{\partial}{\partial \sigma} \cup B \right)^T dB \left[ \frac{E}{(1+\alpha)(1-2\alpha)} \right] \| G \| \right\} dxdydz$$

$$= -\int_L \left\{ \left[ \nu_x(\sigma) B_x^{e2} + \nu_y(\sigma) B_y^{e2} + \nu_z(\sigma) B_z^{e2} \right] \times \right. \qquad (3\text{-}16)$$

$$\left[ \frac{E}{(1+\alpha)(1-2\alpha)} \right] | G | \right\} dxdydz$$

上述表达式中包含了考虑磁导率受应力的影响，对应电磁作用力中硅钢片磁致伸缩力的贡献。

实际测量得到的是在一定压力间隔下的 $B$-$H$ 曲线，经简单计算可以得到不同应力下硅钢片相对磁通密度的磁导率曲线。假设微小单元对应的应力分别为 $\sigma_i$ 和 $\sigma_{i+1}$，相应的磁导率为 $y$ 和 $u$，然后依据线性插值的方法即可得到单元 e 的磁导率。

根据虚功原理计算磁致伸缩力的大小，可以准确地考虑磁-机械之间的耦合影响，但需要测试不同应力下硅钢片的磁化曲线和磁致伸缩曲线，故可采用弹性力学的方法来计算铁芯的磁致伸缩力。

根据弹性力学基本理论和应力场基本方程的分析，可以认为硅钢片或金属结构件离散后的每个微小单元符合弹性力学的基本假设，当单元刚度矩阵和位移已知时，就可以确定该微小单元所受力的大小。单元的磁致伸缩力计算公式为

$$f_{\text{mag}}^{e} = \boldsymbol{K}^e \cdot (r^e \cdot \varepsilon^e) \qquad (3\text{-}17)$$

式中：$\boldsymbol{K}^e$ 为单元的刚度矩阵；$r^e$ 为单元中心距单元节点的距离；$\varepsilon^e$ 为磁致伸缩应变，是由铁磁材料的磁特性决定的，同时还受外部磁场和压力的影响。

## 3.2 现场可听声信号获取

### 3.2.1 可听声信号传播特性

#### 3.2.1.1 理想传播模型

在理想情况下，微机电系统（micro-electro-mechanical system，MEMS）

麦克风阵列接收的声音信号只有直达部分。假设理想且空旷的空间中存在一个潜在声源，并且不考虑周围由于环境导致的反射波，声场环境仅存在直达波，如图 3-2 所示。

则可得第 $m$ 个麦克风接收到的声源信号为

$$x_m(t) = \alpha_m s(t - \tau_k) + e_m(t) \tag{3-18}$$

式中：$s(t)$ 表示声源信号；$\alpha_m$ 表示第 $m$ 个麦克风接收到的声音信号的能量相较于阵列中心的衰减系数；$\tau_k$ 表示声音信号到达麦克风的传播时间；$e_m(t)$ 则表示环境中存在的高斯白噪声。理想情况下，麦克风接收的声音信号和噪声是相互独立的。

### 3.2.1.2 实际传播模型

在实际情况下，由于 MEMS 麦克风阵列接收的声音信号不只是直达部分，更有声音信号在传播过程中遇到墙壁等障碍物的反射波，此时对于理想信号接收模型需要做出一定修改，所以实际信号传播延时与距离关系如图 3-3 所示。

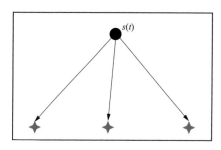
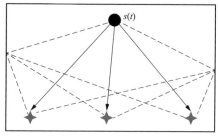

图 3-2 信号传播延时与距离关系 图 3-3 实际信号传播延时与距离关系

因为考虑到多径传播的存在，因此不同的麦克风阵元接收信号时所对应的衰减系数是不同的，假设声音信号为 $s(t)$，假设多径传播的路径总数为 $k$，假设通过第 $k$ 条传播路径进行传播的声音信号，经过声场环境，到达第 $m$ 个麦克风阵元之间的衰减系数为 $\alpha_{mk}$；通过第 $k$ 条传播路径进行传播的声音信号，经过声场环境，最终到达第 $m$ 个麦克风阵元时的时延是 $\tau_{mk}$，则第 $m$ 个麦克风阵元接收到的声音信号为

$$x_m(t) = \sum \alpha_{mk} s(t - \tau - \tau_{mk}) + e_m(t) \tag{3-19}$$

### 3.2.1.3  近场与远场

假如声源在麦克阵列的远场范围，声波在空间中以平面波的形式在空间传播，麦克风传感器接收到的信号之间只存在相位差，没有幅度差，如图 3-4（a）所示。假如声源在麦克阵列的近场范围，声波在空间中以球面播的形式传播，这时麦克风接收到的信号既要考虑相位差，也要考虑信号传播过程中的幅度衰减，如图 3-4（b）所示。远场和近场之间的界限并没有一个明确的判断标准，通常认为声源距离阵中心点的距离远远大于阵列的孔径时为远场，同时与接收的波长成反比。一个常用的近场经验公式为

$$r < \frac{2D^2}{\lambda} \tag{3-20}$$

式中：$r$ 为声源到阵列中心点的距离；$D$ 为阵列孔径；$\lambda$ 为信号源的长。

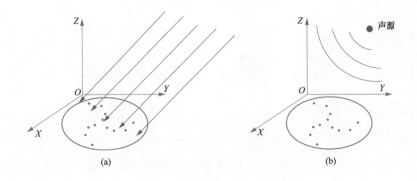

图 3-4  远场和近场的声波模型

（a）远场声波为平面波；（b）近场声波为球面波

由于变电站属于强电磁环境，因此，对于现场干式电抗器声信号的采集，麦克风阵列应该输入远场模型。

### 3.2.1.4  噪声计算

（1）背景噪声和环境修正值 $K$ 计算。当测量多点背景噪声时，按式(3-21)计算各测点（$N$ 个测点）背景噪声平均 $A$ 计权声压级，即

$$\overline{L}_{bgA} = 10\lg\left(\frac{1}{N}\sum_{i=1}^{N}10^{0.1L_{bgAi}}\right) \tag{3-21}$$

环境修正值 $K$ 考虑了不希望出现的试验室边界或者邻近干式电抗器的反射

物体所产生的声反射影响。$K$ 的大小主要取决于试验室吸声面积 $A$ 与测量表面积 $S$ 的比值，与平波电抗器的位置无明显关系。计算式子为

$$K = 10\lg\left(1 + \frac{4S}{A_{\mathrm{v}}}\right) \tag{3-22}$$

式中：$S$ 为测量表面积；$A_{\mathrm{v}}$ 为试验室吸声面积，为平均吸声系数 $a$ 和试验室（墙壁、天棚和地面）的总面积的乘积。

干式空心电抗器多为室外运行，声压级的计算可不考虑 $K$ 值的影响；而对于铁芯电抗器，若在室内运行，则需要根据实际运行环境来选取合适的 $K$ 值。

表 3-1 为平均吸声系数近似值。

表 3-1  平均吸声系数近似值

| 房间状况 | 平均吸声系数 $a$ |
| --- | --- |
| 具有由混凝土、砖、灰泥或瓷砖构成的平滑硬墙且近似于全空的房间 | 0.05 |
| 具有平滑墙壁的局部空着的房间 | 0.1 |
| 有家具的房间、矩形机器房、矩形工业厂房 | 0.15 |
| 形状不规则的有家具的房间、形状不规则的机器房或工业厂房 | 0.2 |
| 具有软式家具的房间天棚或墙壁上铺设少量吸声材料（如部分吸声的天棚）的机器房或工业厂房 | 0.25 |
| 天棚和墙壁铺设吸声材料的房间 | 0.35 |
| 天棚和墙壁铺设大量吸声材料的房间 | 0.5 |

（2）声压级的计算。未经修正的平均 A 计权声压级 $\overline{L}_{\mathrm{PAO}}$ 应由当干式电抗器供电时在各测点（$N$ 个测点）所测得的 A 计权声压级 $L_{\mathrm{PA}i}$ 按式（3-23）计算，即

$$\overline{L}_{\mathrm{PAO}} = 10\lg\left(\frac{1}{N}\sum_{i=1}^{N} 10^{0.1L_{\mathrm{PA}i}}\right) \tag{3-23}$$

将式（3-21）～式（3-23）计算所得结果代入式（3-24）中，可以得到经过背景噪声和环境的修正之后的平均 A 计权声压级 $\overline{L}_{\mathrm{PA}}$，即

$$\overline{L}_{\mathrm{PA}} = 10\lg(10^{0.1\overline{L}_{\mathrm{PAO}}} - 10^{0.1\overline{L}_{\mathrm{bgA}}}) - K \tag{3-24}$$

计算试验电抗器的声压级时，某些频率的实际试验电流小于所要求的标准值。当实际电流为 $I_1$ 而理论计算指定的试验电流为 $I_2$ 时，电流 $I_2$ 下的平均 A 计权声压级需按式（3-25）计算，即

$$\overline{L}_{\mathrm{PA}_2} = \overline{L}_{\mathrm{PA}_1} + 40\lg(I_2/I_1) \tag{3-25}$$

试验过程中，通过逐一改变试验电流的方法测量各电流下的声压级，可按式（3-26）来计算平均 A 计权总声压级 $\overline{L}_{\text{Plot}}$，即

$$\overline{L}_{\text{Plot}} = 10\lg \sum 10^{0.1\overline{L}_{\text{PAf}}} \tag{3-26}$$

（3）声功率级的计算。在测量各频率的声压级后，各主要频率下 A 计权声功率级 $L_{\text{WAf}}$ 按式（3-27）计算，即

$$L_{\text{WAf}} = \overline{L}_{\text{PA}} + 10\lg \frac{S}{S_0} \tag{3-27}$$

式中：$\overline{L}_{\text{PA}}$ 为经过修正的平均 A 计权声压级；$S_0$ 为基准参考面积（$1\text{m}^2$）；$S$ 为测量表面面积，$\text{m}^2$。干式空心平波电抗器可看作半球体声源，测量表面面积按式（3-28）确定，即

$$S = 2\pi R_{\text{m}}^2 \tag{3-28}$$

式中：$R_{\text{m}}$ 为测量轮廓面半径。

试验过程中，通过逐一改变试验电流的方法测量各电流下的声功率级，可按式（3-29）来计算 A 计权总声功率级，即

$$L_{\text{Wtot}} = 10\lg \sum 10^{0.1L_{\text{WAf}}} \tag{3-29}$$

### 3.2.2　微型机电系统麦克风及声学传感器选型

#### 3.2.2.1　微型机电系统麦克风

微型机电系统麦克风是基于 MEMS 技术制造的麦克风，简单地说就是一个电容器集成在微硅晶片上，可以采用表贴工艺进行制造，能够承受很高的回流焊温度，MEMS 麦克风尺寸很小，长径一般小于 5mm，很容易与 CMOS 工艺及其他音频电路相集成，并具有改进的噪声消除性能与良好的 RF 及 EMI 抑制能，是实现干式电抗器可视化检测的关键器件。如图 3-5 所示的 VM3000 MEMS 麦克风，其符合行业标准的 3.5mm × 2.65mm × 1.3mm 封装尺寸。

图 3-5　MEMS 麦克风实物

声音是由声源振动产生，声音传递过程中导致声压的周期性变化，MEMS 麦克风就是通过传感器感知声压并将其转换为电信号来进行声音拾取的。

数字 MEMS 麦克风内部结构框图如图 3-6 所示，麦克风接收信号模型如图 3-7 所示。

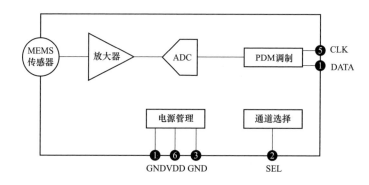

图 3-6    数字 MEMS 麦克风内部结构框图

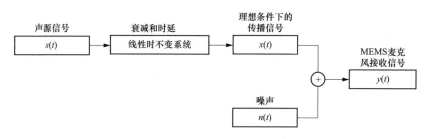

图 3-7    麦克风接收信号模型

模拟 MEMS 麦克风内部包含一个特殊输出阻抗的信号放大器。模拟 MEMS 麦克风型号众多，且价格区间大，性能区间也大。高性能的模拟 MEMS 麦克风的频率范围、灵敏度、功耗等参数均高于数字麦克风。但是在实际使用的过程中，需要额外使用更高性能的模数转换器等外部电路，因而增加了设计成本和硬件空间。

脉冲密度调制（pulse density modulation，PDM）接口的 MEMS 麦克风是现阶段市场上可以买到的价格最低，性能尚可的数字输出 MEMS 麦克风，但是由于其接口特性，需要处理器接收信号后，使用抽取滤波器（decimation filter）将由 0 或 1 表示的 PDM 数字信号，转化为幅值信号。当使用的麦克风数量过多时，每一路 PDM 麦克风均需要一个抽取滤波器单元，这必将占用过多的处理器资源。

时分多路复用（time division multiplexed，TDM）麦克风是近年来最新推出的针对麦克风阵列选用的麦克风类型，这种类型的麦克风可以实现单一总线上最大支持 32 个麦克风组成麦克风阵列，节省处理器的 I/O 口。

20 世纪末，飞利浦公司率先提出了 I2S 的音频总线协议。该总线标准自提出以来变被广泛使用。由于该总线标准实现了数据信号传输线与时钟信号传输线的分离，可以减小失真。同时该协议的数据线可以实现时分复用，从而节省数据传输线。

现阶段可以选购的 TDM 麦克风型号极少，供应商少，价格较贵，同等性能的 TDM 麦克风相较于 I2S 麦克风，价格约为后者的 3 倍。

ADI 公司生产的全向 MEMS 麦克风 ADMP441 具有 24bit 的 I2S 音频接口，满足组阵需求。采集声音方面，ADMP441 在很宽的频带内增益保持一致，高保真地采集语音信号，灵敏度高，能够检测到环境中微弱的声音信号，特别适合于远场拾音。

### 3.2.2.2　声学传感器选型

（1）灵敏度。干式电抗器所处环境复杂，其微帕级别（$10^{-6}$ Pa）的微弱信号容易被背景噪声淹没，现场声信号采集时，这要求声传声器具有很高的灵敏度。引用变压器相关研究，在额定磁通密度范围内，变压器产生的可声信号幅值最小为 30dB。若采用分辨率为 16 位的数据采集仪，则采集仪能显示的最小电压值为 $1.525 \times 10^{-5}$ V，30dB 对应的声压值为 $6.325 \times 10^{-4}$ Pa，对应的灵敏度为 24mV/Pa。因此，应用于现场采集的声传感器的灵敏度需要大于 24mV/Pa。

（2）指向性。指向性是描述麦克风的灵敏度随声源在空间中位置变化的物理量。全向麦克风对不同方向的入射声波的灵敏度大体一致，适合应用于声音拾取系统。

（3）等效噪声级。理想情况下，当作用于振膜上的声压为零时，声传感器的输出电压应为零。但实际情况中尽管传声器振膜上没有声波的作用，传声器仍然有一定的电压输出，这个电压称为噪声电压（本底噪声）。等效噪声级 $N_e$ 定义为

$$N_e = 20\log \frac{U}{EP} \tag{3-30}$$

式中：$U$ 为噪声电压，mV；$E$ 为传声器的灵敏度，mV/Pa；$P$ 为参考声压，Pa。

背景噪声相同时，声传感器的灵敏度越高，$N_e$ 越小。根据式（3-30），以及对干式电抗器可听声信号采集传声器的灵敏度要求分析，可得 $N_e = 30$dB，因此选用的声传声器 $N_e \leqslant 31$dB。

（4）动态范围。麦克风的动态范围表示使麦克风工作在线性范围内的最大声压级与最小声压级的差。

（5）频率响应。麦克风的频率响应描述麦克风的灵敏度随频率变化的情况，参考点通常定义在 1kHz，并归一化为 0dB，频率的上下限定义为 ±3dB 时对应的频率。MEMS 麦克风的频率响应平坦，是比较理想的。典型频响曲线如图 3-8 所示。

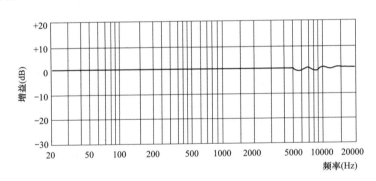

图 3-8　典型频响曲线

（6）稳定性、抗干扰能力。大多数干式电抗器处于室外运行，因此用于电抗器可听声采集的传声器必须保证在环境温度、湿度、振动冲击等条件发生变化时能够保持稳定的性能，并且不受电磁干扰，能够与电抗器贴近以获得更加真实的原声资料，检测设备不得影响被测设备的正常运行。

对于远场拾音系统，麦克风应该满足：①灵敏度应该在 24～50mV/Pa；②等效噪声级 $N_e < 31$dB；③全向麦克风；④频率响应曲线在 200～20000Hz 内平坦；⑤动态范围尽量大。

### 3.2.3 声传感器布置方案及阵列设计

#### 3.2.3.1 布置方案

（1）背景噪声的测量。干式电抗器本体用绝缘子和底架支撑，其下侧距离地面为1m左右。在测试前，需要对环境的背景噪声进行测试，在不加载电流负荷的情况下，在待测平波电抗器周围规定轮廓线位置均匀选择至少10个测点位置进行背景噪声测量。环境背景噪声的声压级应比干式电抗器产生的声压级与背景噪声合成的声级小5dB（A）以上，并且从测试结果中扣除环境噪声的干扰；当背景噪声比合成的声级小8dB（A）以上时，背景噪声的影响可以忽略。

（2）干式电抗器噪声的测量。测量时，需要根据干式电抗器的主要谐波频率，逐一施加不同单频试验电流，测量平波电抗器在不同谐波电流下对应的辐射声级。但由于试验环境的背景噪声往往较高，导致测量结果无效，因此应采用线谱法进行声级测量，以便排除背景噪声的信号，减少背景的干扰。在干式电抗器施加单一频率的交流电时，它的噪声音调特征是其频率为电流频率的2倍。因此主要关注2倍的电流频率声谱。

为了使测量结果尽可能准确，防止干式电抗器的开放电磁场对声传感器的干扰，根据GB/T 1094.10—2003《电力变压器　第10部分：声级测定》，声级测点应离开干式电抗器包封外表面3m远，附近反射墙面离传声器至少应在3m以上。同时，对于包封本体高度在2.4m及以上的干式电抗器，测点应布置在包封高度的1/3和2/3处，如图3-9所示；对于包封高度低于2.4m的干式电抗器，测点应布置在包封高度的1/2处，如图3-10所示。在上述不同高度处，应围绕平波电抗器各布置10个均匀分布的测试点，测量出各场点未经环境修正值的A计权声压值$L_{PAi}$。

由图3-11所示，推荐声级测点布置方案采取12个测点，同时，为了减少试验成本，一次试验采用4个声传感器，分三组对实验声信号数据进行采集，采集的数据比国标（10个测点）要求更多，数据分析将更加准确。

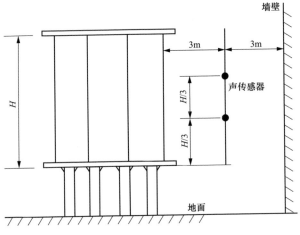

图 3-9　$H{\geqslant}2.4\text{m}$ 时声压传感器布置

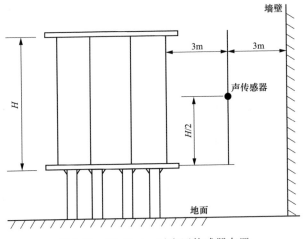

图 3-10　$H{<}2.4\text{m}$ 时声压传感器布置

### 3.2.3.2　阵列设计

（1）阵列接收信号模型。声学成像将探测的平面区域划分成网格，然后指定某一频率通过波束形成算法扫描每个网格点并计算出网格点上的声功率。如图 3-12 所示，平面螺旋型麦克风阵列上排布有 $M$ 个麦克风并且孔径为 $D$，以阵列的中心点为原点建立三维笛卡尔坐标系，麦克风分布在原点的 $x$-$y$ 平面上。假设扫描平面与阵列板的距离为 $Z$，然后将扫描区域划分为 $N{\times}N$ 个网格，扫描平面一共有 $(N+1)^2$ 个网格点。

将麦克风接收到的时域信号分成 $K$ 帧，然后对每一帧做快速傅里叶变换转换到频域。假设接收信号混有噪声，阵列上 $M$ 个麦克风的输出为

$$p(k,f) = Gs(k,f) + n(k,f)$$

$$(3\text{-}31)$$

式中：$G$ 为衰减系数；$k$ 为帧数；$f$ 为频率；$s(k,f)$ 为声源信号；$n(k,f)$ 为噪声。

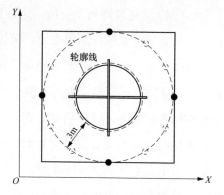

图 3-11 声传感器布置位点

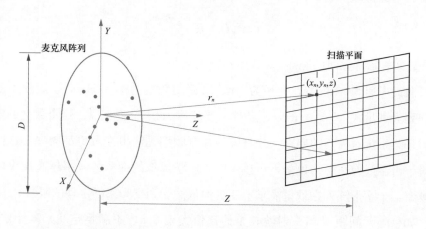

图 3-12 麦克风阵列扫描指定平面局域示意图（坐标原点为阵列中心）

其中影响阵列响应的关键因素有：①探测声源的频率；②声源距离阵列板的距离；③阵列板的孔径；④麦克风数目和分布；⑤麦克风传感器的性能。

（2）基于 MEMS 的麦克风阵列设计。MEMS 麦克风传感器阵列接收信号的确定，可以由阵列流行矢量来表征，一方面是阵元相对参考原点的空间位置，另一方面是目标声源的方位和频率（波长）。所以声源信号发送的方向不同，所接收的信息也将会有相位差的不同，最终阵列的总体响应输出将不相同；结构不同，信号处理所用的公式也有其各自的特点，但是总的来说，算法的原理是一样的，都是基于阵列的方向性，对于空间任意摆放的麦克风阵列所接收到的信号，经过算法处理则可以在某方向达到同相位相加，以形成最大的输出。

MEMS 麦克风阵列主要由一定数目的麦克风组成，用来对声场的空间特性进行并行处理的系统。简单来说，可以理解为 2 个以上麦克风组成的语音信号采集系统。麦克风阵列一般来说可以形成线阵、面阵和立体阵列。具体的形状通常有一字阵、十字形、矩形和圆形面阵、螺旋形、球形以及无规则阵列。至于麦克风阵元数量，可以从 2 个到上千个不等。

常见的规则型麦克风阵列有均匀十字形、均匀环形、均匀矩阵型等。在规则型阵列中，麦克风之间的排布是等间距，对于均匀十字形和均匀矩阵型阵列，根据空间采样定理要求阵元的间距要小于或等于波长的一半，否则会出现栅瓣的干扰，即

$$d < \frac{\lambda}{2} \tag{3-32}$$

式中：$d$ 表示阵元间的距离；$\lambda$ 表示声波的波长。

假设声速为 340m/s、孔径为 1m、当探测频率为 7.8kHz 时，矩阵型麦克风阵列为满足式（3-32）的限制条件需要高达 1681 个麦克风，这个数量的麦克风对采集系统有极高的要求，并且阵列探测频率无法再涉及更高频率，这些缺点对于声学成像系统来说是不可接受的。声学成像的探测的频率越高波束的带宽越窄，十字形阵列在数量需求上变少但依然受到空间采样定理的限制。

如果阵元间距 $d$ 与入射波长 $\lambda$ 的比值大于 0.5，不满足空间采样率定理，由于相位的周期性导致空间谱中出现多个峰值，发生空间混叠现象，无法判断入射方向，造成了方位角度的模糊。如果阵元间距 $d$ 与入射波长 $\lambda$ 的比值小于 0.5，空间谱的主瓣宽度会随着比值的减小迅速变宽，尤其是在入射方向偏离主轴响应方向时，导致阵列的分辨率和估计精度下降。也正是从这个角度出发，一般没有特别声明的话，很多阵列选择采用半波布阵，使得阵列的孔径很大。十字阵是由两个一字阵的扩展，定位方位为 0°～360°，也存在波束指向不同均匀的情况。时域采集可以通过减少采样间隔来改变采样率，对应于空域中，通过改变阵元间距和声波的入射角度来改变空间采样率。

一个阵列可以利用信号的空域特征，对空时场域内的信号进行滤波。这种滤波可以用一个与角度或波数的相关性进行描述。在频域里看，这种滤波的实

现是利用复增益组合阵列传感器的输出。通常，我们想对空时场进行空域滤波：使得空间中期望的单一或几个角度的信号经过相关叠加得到增强，非期望方向的噪声信号通过非相关叠加相消得到抑制。设计阵列，并达到某种性能准则，就需要在阵列阵型、目标声源的频谱特征、定位性能要求、阵元数目、信噪比以及背景环境噪声等因素之间进行折中考虑。

（3）不同布局形式的麦克风阵列。

1）平面阵列布局。一字阵由 $M$ 个麦克风等间隔均匀排布在一条直线上，是最简单也是最直接的一维阵列结构（见图 3-13），线阵存在左右弦模糊，关于线阵对称的入射方向，阵列具有相同的响应，故线阵的定位角度范围是 $0°\sim 180°$。且阵列在主轴向（入射角度为 $90°$）具有较高角度分辨率，靠近端射（入射角度在 $0°$ 附近）主波束变宽，角度分辨率下降。

图 3-13　线性麦克风阵列

(a) 均匀线性阵列；(b) 随机线性阵列

在声源定位和语音信号处理中最常用的是二维平面阵列，麦克风接收阵元都布置在同一个平面内（见图 3-14）。相同的麦克风数量，分布形式也可以各有不同，可以均匀分布，也可以按照特定的规律进行分布，还可以随机分布。

2）多臂螺旋型麦克风阵列。在靠近阵列的中心分布有高浓度的麦克风会增大波束图的动态范围，单螺旋型阵列使麦克风螺旋式分布在阵列平面上，并让每个麦克风都占据有一定的面积。

虽然相较于规则型阵列在性能上有很大的提升，但是不能在提升动态范围（dynamic range，DR）的同时压缩主瓣的带宽。声学成像追求更高的阵列分辨率来提升定位精度和空间分辨率，所以要求在可接受的动态范围内，尽可能地降低主瓣的宽度。国外学者在对数螺旋型阵列的基础上提出多臂螺旋型阵列，每条臂都是对数螺旋形并且每个臂占据着相等面积，多臂螺旋型阵列的出现使得麦克风阵列优化设计又迈进一个新的台阶，如图 3-15 所示。

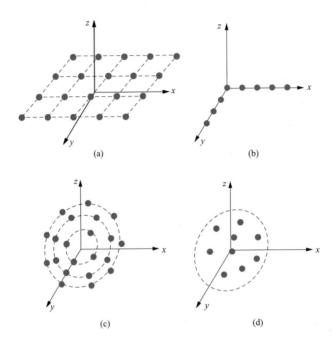

图 3-14　平面麦克风阵列

（a）矩形阵列；（b）L 形阵列；（c）环形阵列；（d）随机平面阵列

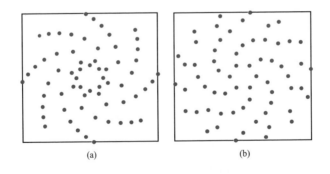

图 3-15　多臂螺旋型与组合型阵列

（a）Underbrink 多臂螺旋型阵列；（b）Annular 组合型阵列

3）基于遗传算法的 MEMS 麦克风阵列设计。在 MEMS 麦克风阵列尺寸一定的情况下，均匀布局的麦克风阵列更容易产生栅瓣，出现空域混淆，为了得到性能更加优异的平面麦克风阵列，一般实际使用的麦克风阵列不会采用均匀的麦克风排列布局方式。

麦克风阵列的主要性能指标有主瓣宽度、旁瓣电平以及阵列的增益等。但是这些参数性能指标并非是相互独立的，因此需要对麦克风阵列整体进行优化，而且在这些参数指标中需要有一定的取舍，才能设计出性能更为均衡的麦克风阵列。在高斯白噪声的实验环境下，麦克风阵列的阵列增益为白噪声增益，该增益的大小和麦克风阵列拥有的实际工作的阵元数量相关。而在实际的麦克风阵列设计过程中，麦克风数量与处理器的处理能力、数据传输与分析的速度、实际的工作需求相关，因此麦克风的数量在麦克风阵列设计的初期便是固定值。所以，麦克风阵列的阵列增益不应作为该阵列的阵列优化方向。除此之外，为了提高对与目标方向的定位分辨能力，麦克风阵列方向图的主瓣宽度应设计的越窄越好；另外阵列方向图的旁瓣电平越低，则可以抑制其他方向的噪声干扰，从而降低检测目标的虚警概率。因而，采用遗传算法可以更为有效地找出全局最优解。

遗传算法主要包括随机生成种群、自然选择种群、种群样本之间相互交叉、随机产生种群变异等步骤，然后通过不断地迭代更新种群，一直到结果满足迭代停止的条件为止，算法流程如图 3-16 所示。

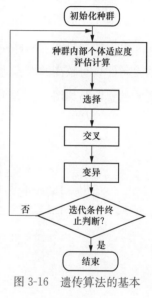

图 3-16　遗传算法的基本流程图

## 3.2.4　干式电抗器典型缺陷声信号获取方案

基于可听声信号的放电故障检测正逐渐在电力装备上使用，干式电抗器是电网系统中的重要设备，目前对其典型故障或缺陷的可听声信号时频域特征还不清晰，导致无法有效开展基于可听声信号的干式电抗器故障检测。为此，本节着重讲述了如何通过试验模拟的方法来获取干式电抗器在典型故障下的声信号。

正常工况下的声信号可根据 3.2.3 节中所述在现场选取正常运行的电抗器进行采集，但现场难以满足干式电抗器在多种故障状态下的声学试验，因此，存在典型机械故障及绝缘缺陷时的声信号需要在实验室进行试验模拟。本节主要介绍机械故障和绝缘缺陷。

值得注意的是，试验过程中，为了最大程度地还原声信号特征，根据香农采样定理，试验采用的信号采样率需为声信号最大频率（20kHz）的 2 倍以上，即采样率应大于 40kHz。

### 3.2.4.1　机械故障

根据 3.1 节所述可知，干式电抗器异响是本体振动导致发生机械故障处发生受迫振动导致的，因此，机械故障的模拟需要在干式电抗器本体上进行，对试验条件具有较高的要求，模拟的故障类型分别为螺栓松动和撑条松动，可采取的试验电路如图 3-17 所示。

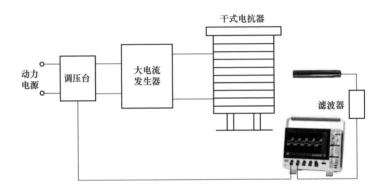

图 3-17　机械故障模拟试验平台

（1）螺栓松动。对于干式空心电抗器，主要的螺栓松动位为防雨罩固定螺栓与支撑绝缘子固定螺栓，如图 3-18 所示。防雨罩固定螺栓固定在上星形架上，支撑绝缘子固定螺栓通过下星形架固定支撑绝缘子，然后上星形架与下星形架同时固定在包封上，因此，螺栓松动故障的模拟只需取一个松动位进行试验即可，另外，多个螺栓同时松动所产生的声信号为单个螺栓松动的叠加。基于以上分析，对于干式空心电抗器螺栓松动的模拟，只需要选取一个松动位即可。

干式铁芯电抗器无防雨罩结构，电抗器上的螺栓仅为结构件的固定螺栓，与干式空心电抗器螺栓松动的模拟相似，只需要选取一个螺栓松动位即可。

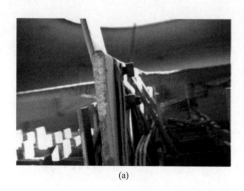

(a)                                    (b)

图 3-18   干式空心电抗器螺栓松动位

（a）防雨罩固定螺栓松动；（b）支撑绝缘子固定螺栓松动

（2）撑条松动。撑条松动故障是针对干式空心电抗器而言的，根据前面的介绍，干式铁芯电抗器无撑条结构，其包封与每层包封之间采用一体化的绝缘

固化结构。因此，建议通过将一根相同规格的撑条放置于风道中来模拟撑条松动故障，如图 3-19 所示，若直接破坏干式电抗器已有的撑条将会提高试验成本。

### 3.2.4.2　绝缘缺陷

在保证绝缘缺陷放电声学试验科学性的同时，本节所述内容对绝缘缺

图 3-19   干式空心电抗器撑条松动

陷的设置进行了简化。绝缘缺陷的模拟通过结合干式电抗器主绝缘材料类型和Q/GDW 11304.8—2015《电力设备带电检测仪器技术规范　第 8 部分：特高频法局部放电带电检测仪技术规范》中的绝缘缺陷模拟方法进行。试验对象为环氧树脂绝缘板，模拟的缺陷类型分别为金属突出物缺陷、污秽缺陷、金属异物缺陷及沿面放电缺陷。

试验前需保证试验对象干净无异物，并且需要使用局部放电标定仪对平台的放电量进行标定以确定试验过程中绝缘缺陷的放电量大小，另外，试验前需对试验平台进行加压测试确保平台无异常放电信号，可采取的试验电路图如图 3-20 所示。

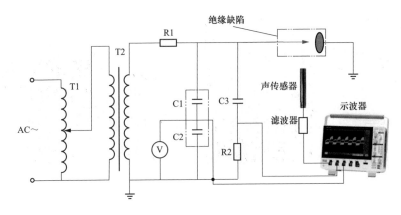

图 3-20 绝缘缺陷模拟试验平台

AC~—工频电源；T1—调压器；T2—升压变压器；R1—保护电阻；

C1/C2—耦合电容；C3—分压电容；R2—检测阻抗

（1）金属突出物缺陷。图 3-21 所示的放电模型为金属突出物缺陷放电，采用针板电极模拟，针电极的尖端半径需满足针板电极之间的电场不均匀度 $f(E_{max}/E_{av})>4$，针电极尖端与环氧树脂板表面接触，但不刺入，环氧树脂板的厚度需根据实际干式电抗器的绝缘结构确定，环氧树脂板放置于接地圆板型电极上。

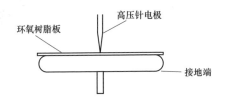

图 3-21 金属突出物缺陷

（2）污秽缺陷。

1）模拟污秽缺陷的一般方法。污秽盐可使用 NaCl，灰为硅藻土，根据 GB/T 26218.1《污秽条件下使用的高压绝缘子的选择和尺寸确定 第 1 部分：定义、信息和一般原则》，并结合干式电抗器运行所在区域的实际环境，确定污秽等级和等值灰密、等值盐密。

2）污秽物具体的配比方法。首先将试验用环氧树脂板置于分析天平中，然后在环氧树脂板上称取计算好比例的硅藻土与 NaCl，污秽物称取完成后，向污秽混合物喷雾加湿并搅拌均匀以使 NaCl 与硅藻土充分混合。最后，结合确定好的污秽等级，将配比完成的污秽物均匀涂覆在环氧树脂板的指定大小的试验区域上，如图 3-22 所示。

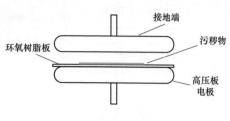

图 3-22　污秽缺陷

值得注意的是，干式电抗器绕组包裹在环氧树脂绝缘中，因此，与金属突出物缺陷模拟不同的是，在污秽缺陷模拟过程中，高压端在环氧树脂板下方，接地端在其上方，且高压电极与接地电极都为圆板电极，本质模拟的是悬浮放电。

（3）金属异物缺陷。首先，根据金属异物的形状（丝状、颗粒状、小块状等，见图 3-23）和大小差异，针对不同种类的金属异物进行分组试验；然后，将采集到的多组金属异物缺陷放电声信号进行时频特征分析；最后，对各组金属异物缺陷放电声信号进行时频特征分析，若特征相似，则可以将多种金属异物混合在一起进行试验，否则需要分组研究。这样的金属异物缺陷模拟将更加符合实际工况，也有利于缺陷种类的区分。通过将金属异物放置在环氧树脂板上来模拟金属异物缺陷（见图 3-24），除了缺陷类型不同，其余设置与污秽缺陷的模拟保持一致，本质也是悬浮放电。

（4）沿面放电缺陷。图 3-25 所示的放电模型为沿面放电缺陷，采用柱板电极模拟，柱电极的半径不大于接地圆板电极的半径，柱电极底端与指定厚度的环氧树脂板表面接触。环氧树脂板放置于接地电极上。

 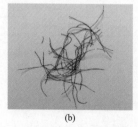 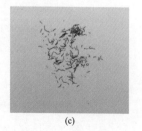

（a）　　　　　　　　（b）　　　　　　　　（c）

图 3-23　不同形状的金属异物

（a）块状；（b）丝状；（c）颗粒状

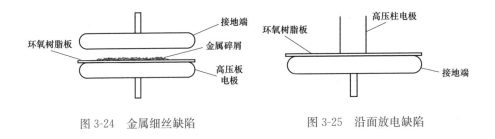

图 3-24　金属细丝缺陷　　　　　　　图 3-25　沿面放电缺陷

## 3.3　声信号处理

### 3.3.1　语音增强

#### 3.3.1.1　传统语音增强方法

（1）不同的语音增强方法。

1）谱减法。谱减法是最早期提出的降噪算法之一，它基于一个简单假设：噪声是加性噪声，通过从带噪语音谱中减去对噪声谱的估计来得到降噪后的语音谱，其基本做法如图 3-26 所示，做出这一假设是基于噪声的平稳性或者是一种慢变的过程。由于实际噪声的非平稳特性，在使用过程中，这种方法很容易由于谱减过程中减去谱成分过大或过小造成语音失真，即产生令人困扰的音乐噪声。

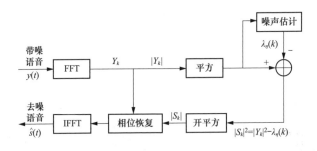

图 3-26　谱减法语音增强流程

2）滤波法。不同于基于简单假设的谱减法，维纳滤波器的提出是基于最小均方误差意义的最优解，通过求解最优化均方误差计算得到增强信号，基本流程如图 3-27 所示，但是它的推导仍然是基于所分析信号具有平稳性这一假设，不能有效地处理非平稳信号的情况。在后续改进中，通过使用卡尔曼

（Kalman）滤波器，滤波法成功地被推广到处理非平稳信号和噪声的场景下。

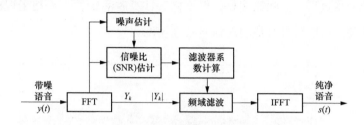

图 3-27 维纳滤波法语音增强流程

3）子空间法。子空间方法是一种基于线性代数理论的语音降噪方法，这类算法假设纯净信号可以被视为带噪信号在欧几里得空间中的一个子空间，通过将带噪信号向量空间分解为纯净信号主导和噪声信号主导的 2 个子空间，可以简单地通过去除落在"噪声空间"中的带噪向量分量来估计纯净信号（见图 3-28）。带噪信号分解为 2 个子空间，常用的正交矩阵方法有奇异值分解和特征值分解。

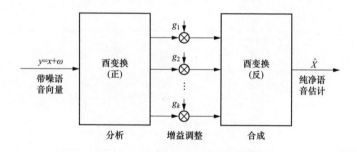

图 3-28 子空间法语音增强流程

4）基于麦克风阵列的语音增强方法。该方法按照一定的拓扑结构将麦克风组成一个阵列，利用空间域的信息，对来自不同空间方位的信息进行滤波处理是以麦克风阵列为基础的语音增强算法的基本原理。该方法的详细内容将在 4.4.3 中进行介绍。

（2）语音增强效果对比。为更加清晰地表征三种语音增强算法的滤波效果，本节利用干净火花放电语音数据并叠加高斯白噪声进行语音增强处理（见图 3-29）。

由图 3-30 可以看出，谱减法语音增强后的声信号出现音乐噪声，相较于子空间法，维纳滤波法噪声滤波效果欠佳，但可避免音乐噪声。子空间法具有最好的语音增强效果，信噪比明显，但该方法计算时间较长，不利于现成声信号的实时处理，谱减法具有最快的信号处理速度。

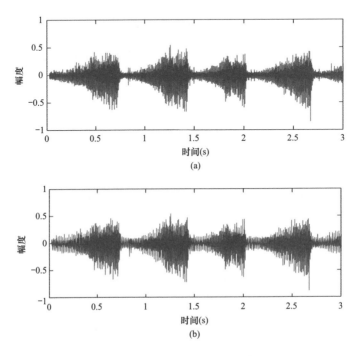

图 3-29　干净语音及带噪语音

（a）干净语音；（b）带噪语音

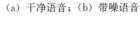

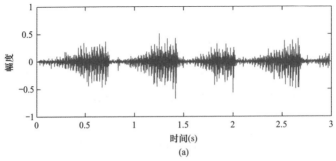

图 3-30　语音增强算法效果对比（一）

（a）谱减滤波增强后的语音；

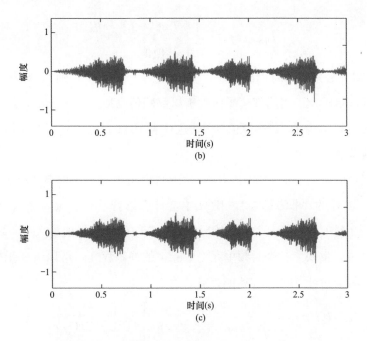

图 3-30　语音增强算法效果对比（二）

（b）维纳滤波增强后的语音；（c）子空间法增强后的语音

### 3.3.1.2　基于深度学习的语音增强

在基于深度学习的语音降噪任务中，根据神经网络是否对语音时域波形直接处理可以分为非端到端和端到端的语音降噪；在非端到端的语音降噪任务中，根据网络的学习目标的不同，可以把降噪方法分为：基于时频掩蔽（time-frequency mask）的语音降噪算法、基于频谱映射的语音降噪算法和基于信号近似的语音降噪算法。

（1）基于时频掩蔽语言增强。基于时频掩蔽的语音降噪方法将描述纯净语音与噪声之间相互关系的时频掩蔽作为学习目标。基于时频掩蔽的方法可以有效地提高复杂环境下的语音可懂度，但该方法需要假设纯净语音与噪声之间有一定的独立性。理想二值掩蔽（ideal binary mask，IBM）实际上是一个定义在二维空间（时间和频率）上的一个二值（0 或 1）矩阵，其中每个元素表示为

$$f_{\text{IBM}}(t,f) = \begin{cases} 1, f_{\text{SNR}}(t,f) > \rho_{\text{LC}} \\ 0, \text{其他值} \end{cases} \tag{3-33}$$

式中：$t$ 和 $f$ 分别表示时刻和频率；$f_{\text{SNR}}(t,f)$ 表示在时刻 $t$、频率 $f$ 处时频单元的局部信噪比。当局部信噪比大于局部阈值（local creterion，LC）$\rho_{\text{LC}}$ 时，IBM 在此处赋值为 1，否则赋值为 0，这代表 IBM 将每个时频单元判定为以语音为主或以噪声为主。

理想比值掩蔽（ideal ratio mask，IRM）同样对每个时频单元进行计算，但不同于 IBM 的"非零即一"，IRM 中会计算语音信号和噪声之间的能量比，得到介于 0 到 1 之间的一个数，然后据此改变时频单元的能量大小。IRM 是对 IBM 的演进，反映了各个时频单元上对噪声的抑制程度，可以进一步提高分离后语音的质量和可懂度。IRM 的计算式为

$$IRM(t,f) = \left[\frac{S^2(t,f)}{S^2(t,f) + N^2(t,f)}\right]^{\beta} = \left[\frac{SNR(t,f)}{SNR(t,f) + 1}\right]^{\beta} \tag{3-34}$$

（2）基于频谱映射语言增强。基于特征映射的语音降噪方法利用带噪语音特征与纯净语音特征之间的复杂关系，学习两者间的映射。网络的输入与输出通常是同种类型的声学特征，并且在实现过程中，几乎没有对语音和噪声信号做任何假设，流程如图 3-31 所示。

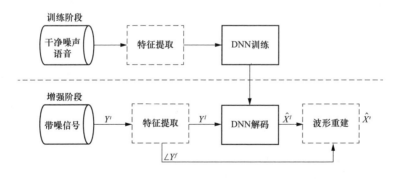

图 3-31　基于频谱映射语言增强

1）训练阶段。输入时，采用较为简单的特征，即带噪声语音信号的幅度谱，也可以采用其他的特征。值得一提的是，如果输入是一帧，对应输出也是

一帧时，效果一般不会很好。因此一般采用扩帧的技术，即每次输入除了当前帧外还需要输入当前帧的前几帧和后几帧。这是因为语音具有短时相关性，多输入几帧是为了更好地学习这种相关性。

a. 标签。数据的标签（label）为纯净语音信号的幅度谱，通常只需要一帧。

b. 损失函数。学习噪声幅度谱与纯净语音信号的幅度谱类似于一个回归问题，因此损失函数采用回归常用的损失函数，如均方误差、均方根误差或平均绝对值误差等。

c. 最后一层的激活函数。由于是回归问题，最后一层采用线性激活函数。

d. 其他。输入的幅度谱进行归一化可以加速学习过程和更好的收敛。

2）增强阶段。

a. 输入。输入为噪声信号的幅度谱，这里同样需要扩帧。对输入数据进行处理可以在语音信号加上值为 0 的语音帧，或者舍弃首尾的几帧。如果训练过程对输入进行了归一化，那么这里同样需要进行归一化。

b. 输出。输出为估计的纯净语音幅度谱。

c. 重构波形。在计算输入信号幅度谱的时候需要保存每一帧的相位信息，然后用保存好的相位信息和模型输出的幅度谱重构语音波形。

（3）语言增强效果对比。为更加清晰地表征三种深度学习语音增强算法的效果，本节利用污秽放电语音数据叠加高斯白噪声进行语音增强处理。

对比图 3-32(a)～图 3-32(c) 可以看出，IBM 及 IRM 语言增强效果比频谱映射效果更好，但计算时间也更长，其中 IRM 语言增强后的语音细节保留得更好，声信号可听度更高。基于深度学习方法的语音增强计算时间较长，但处理效果好，适用于后期声信号分析。

### 3.3.1.3　语音增强算法优缺点及算法选取

根据表 3-2 并结合基于干式电抗器声信号可视化装置，所使用的语音增强算法需满足信号处理信噪比高、处理速度快、适应能力强，以提高声场可视化的精度。

### 3.3.2 声学特征提取

#### 3.3.2.1 基于时域信号的声学特征提取

根据干式电抗器在正常工况、机械缺陷或绝缘缺陷放电声信号时域波形上

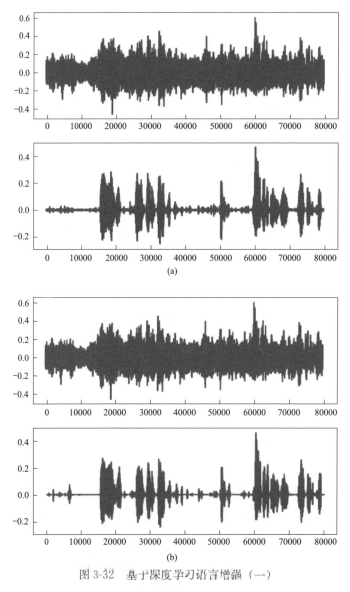

图 3-32 基于深度学习语言增强（一）

（a）频谱映射；（b）IBM

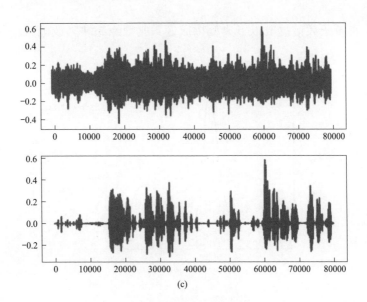

图 3-32  基于深度学习语言增强（二）

（c）IRM

表 3-2                              语音增强算法优缺点比较

| 算法 | 优点 | 缺点 | 应用情形 |
| --- | --- | --- | --- |
| 谱减法 | 算法简单，运算量小，便于快速处理，易于实时计算分析 | 存在"音乐噪声"问题 | 对频域信号进行降噪 |
| 滤波法 | 适用范围广 | 仅依靠无声段估计噪声功率谱 | 利用局部方差自动调节滤波效果的自适应滤波器 |
| 子空间分析法 | 降噪效果好，信噪比高，无"音乐噪声" | 适用范围不够广泛，计算时间稍长 | 对信号进行多尺度、多分辨率分解 |
| 深度学习法 | 拟合能力强，非线性能力强，适合复杂场景 | 需要大量数据，非凸，参数多，计算时间长 | 针对低信噪比和非平稳噪声信号有较好的效果 |

的差异（见图 3-33），可提取如表 3-3 所示的特征值。

### 3.3.2.2  基于频域的声学特征提取

（1）频谱。频谱指的是一个时域的信号在频域下的表示方式，可对时域信号中的各个频率分量和频率分布范围进行定量，通过傅里叶分析可得到信号频谱，可基于频谱提取以下典型特征量。典型绝缘缺陷放电频谱如图 3-34 所示。

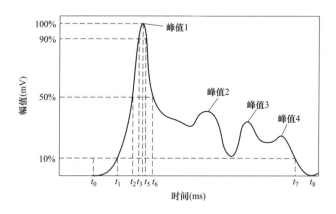

图 3-33　声信号时域特征

表 3-3　　　　　　　　　　　特　征　值

| 序列 | 时域特征参数 | 计算式 |
|---|---|---|
| $F_1$ | 上升时间（$T_r$） | $t_3 - t_1$ |
| $F_2$ | 峰值时间（$T_p$） | $t_4 - t_0$ |
| $F_3$ | 下降时间（$T_d$） | $t_7 - t_5$ |
| $F_4$ | 脉冲宽度（$T_w$） | $t_6 - t_2$ |
| $F_5$ | 极值个数（$M_{tp}$） | $x_{n-1}(t) < x_n(t) < x_{n+1}(t)$ |
| $F_6$ | 信号包络面（$A_t$） | $A_t = \int_{t_0}^{t_s} x(t)\mathrm{d}t$ |
| $F_7$ | 信号均值（$\mu_t$） | $\mu_t = \dfrac{1}{N}\sum_{i=1}^{N} x_i$ |
| $F_8$ | 周期性（$F$） | — |

1）奇偶次谐波比（$R_{jo}$）。奇偶次谐波比描述的是信号频谱中 50Hz 倍频中奇次谐波与偶次谐波的比重，计算式为

$$R_{jo} = \sqrt{\sum_{i=1}^{N/2} A_{2i-1}^2} \Big/ \sqrt{\sum_{i=1}^{N/2} A_{2i}^2} \tag{3-35}$$

式中：$A_{2i}$ 为信号 50Hz 偶次谐波幅值；$A_{2i-1}$ 为信号 50Hz 奇次谐波幅值；$N$ 为滤除背景噪声后 25kHz 范围内信号 50Hz 谐频数量。

78

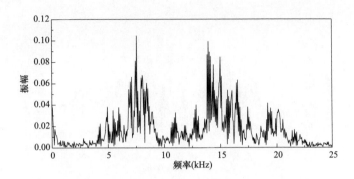

图 3-34　典型绝缘缺陷放电频谱

2）频谱复杂度（$H$）。频谱复杂度表征频谱中频率成分的复杂程度，该值越低表明频谱在某些特征频率上能量越集中，越高则表明频谱能量越分散，计算式为

$$H = \Big| \sum_{i=1}^{N} R_i \log_2 R_i \Big|$$

$$R_i = A_i^2 / \sum_{j=1}^{N} A_j^2$$

(3-36)

式中：$A_i$ 为 50Hz 第 $i$ 次谐波幅值；$R_i$ 为 50Hz 第 $i$ 次谐频噪声信号幅值比重；$H$ 为频谱复杂度。

3）高频能量比（$R_{hf}$）。高频能量比为高频成分占总频谱能量的比重，该值越高，高频能量占比越多，当 $R_{hf}$ 为 0.5 时，高频能量占比与低频能量占比相等。本书将分析频带中心点以上的频点作为高频成分（12.5～25kHz），计算式为

$$R_{hf} = \sum_{j=N/2}^{N} A_j^2 / \sum_{i=1}^{N} A_i^2$$

(3-37)

（2）功率谱。功率谱估计是数字信号处理的主要内容之一，主要研究信号在频域中的各种特征，目的是根据有限数据在频域内提取被淹没在噪声中的有用信号，可通过自相关算法、周期图法得到。典型绝缘缺陷放电频谱功率谱如图 3-35 所示。

基于声功率谱提取的中值频率（MF）、平均功率频率（MPF）、平均功率与方差四个特征量的计算公式如表 3-4 所示。

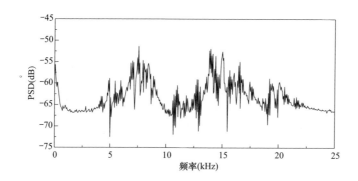

图 3-35   典型绝缘缺陷放电频谱功率谱

表 3-4   功率谱特征量提取

| 序列 | 频域特征参数 | 计算式 |
|------|------------|--------|
| $F_9$ | 中值频率（MF） | $\dfrac{\sum\limits_{f=1}^{N} P_{sd}(f)}{2}$ |
| $F_{10}$ | 平均功率频率（MPF） | $\dfrac{\sum\limits_{f=1}^{N} fP_{sd}(f)}{\sum\limits_{f=1}^{N} P_{sd}(f)}$ |
| $F_{11}$ | 平均功率 | $\dfrac{\sum\limits_{f=1}^{N} P_{sd}(f)}{N}$ |
| $F_{12}$ | 方差 | $\dfrac{1}{N-1}\sum\limits_{i=1}^{N}\left[P_{sd}(f_i)-\overline{P_{sd}(f)}\right]^2$ |

### 3.3.2.3   基时频谱的声学特征提取

基于短时傅里叶变换（short-time Fourier transform，STFT）对声信号进行时频域处理，在一个二维图谱中得到干式电抗器运行声信号频率随时间的变化特征（见图 3-36），横坐标为时间，纵坐标为频率，大小用颜色区分。

短时傅里叶变换的基本思想是利用窗函数来截取信号，并假定信号在截取窗内是平稳的，再采用傅里叶变换分析窗内信号，然后沿着信号时间方向移动窗函数，得到整个信号频率随时间的变换关系，即所需要的时频信号 $x(t)$ 的

短时傅里叶变换可以表示为

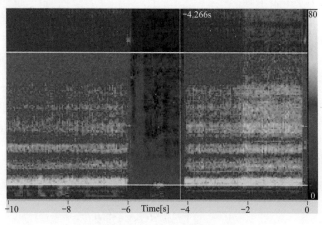

图 3-36　时频图

$$STFT(\tau, f) = \int_{-\infty}^{+\infty} x(t)g(t-\tau)\mathrm{e}^{-\mathrm{j}2\pi ft}\,\mathrm{d}t \qquad (3\text{-}38)$$

式中：$x(t)$ 为被分析信号；$g(t)$ 为窗函数。

反变换为

$$x(t) = \int_{-\infty}^{+\infty}\int_{-\infty}^{+\infty} STFT(\tau, f)g(t-\tau)\mathrm{e}^{\mathrm{j}2\pi f}\,\mathrm{d}\tau\mathrm{d}f \qquad (3\text{-}39)$$

　　短时傅里叶变换在一定程度上弥补了常规傅里叶变换不具有局部分析能力的不足，但同时也存在一些自身无法克服的缺陷。当窗函数确定之后，时频窗的形状和大小就确定了，其时频分辨率也确定了，分辨精度在整个相平面内都是一致的，不具有随着信号频率变化的自适应能力。因此，选择合适的时频窗函数长度十分重要，太短的时频窗函数长度会造成出现高频假象，而太长的时频窗函数长度则会造成不同时刻频率的重叠出现混频现象，达不到时频分析的目的。基于时频谱可提取以下特征量：

　　（1）时频图的熵特征。对声信号的时频图而言，不同亮度的像素点代表了不同的信号幅度，不同的声信号就会表现出不同的形状，而这些图像所包含的信息量是不同的。按照统计学的观点，由于图像分布具有块状结构，因此，各像素点具有位置上的相关性，可以用信息熵来描述图像形状。时频图是二维数

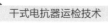

据，并且时频图图像数据具有非负性，即 $f(x, y) \geqslant 0$，对于 $M \times N$ 维的时频图，图像熵 $H(f)$ 表示为

$$H(f) = -\sum_{i=1}^{M} \sum_{j=1}^{N} P_{ij} \ln P_{ij} \tag{3-40}$$

$$P_{ij} = f(i,j) \Big/ \sum_{i=1}^{M} \sum_{j=1}^{N} f(i,j) \tag{3-41}$$

式中：$f(i, j)$ 为图像中每个点的值；$P_{ij}$ 为值 $f(i, j)$ 在图像中出现的概率。

图像熵 $H(f)$ 反映了时频图信息量的大小，可以描述其幅度分布信息。

（2）时频图的平均时频谱特征。目标回波的时频图 $M(t, f)$，反映了任意时刻目标各散射点的瞬时多普勒频率。通过以下函数表征其瞬时频率的平均值

$$f(t) = \frac{\int f \mid M(t,f) \mid^2 \mathrm{d}f}{\int \mid M(t,f) \mid^2 \mathrm{d}f} \tag{3-42}$$

式中：$f(t)$ 表征了目标各散射点瞬时多普勒频率的期望，是各散射点瞬时多普勒频率的线性组合。

对于离散信号，可以直接将上式离散化，得

$$f(n) = \frac{\sum_k k \mid M(n,k) \mid^2}{\sum_k \mid M(n,k) \mid^2} \tag{3-43}$$

（3）平均时频谱的波形熵特征。$f(t)$ 的频谱部分区间的熵值，称之为平均时频谱的波形熵特征，可表示为

$$T_1 = -\sum_i p_i \ln p_i \tag{3-44}$$

式中：$p_i$ 为所选 $f(t)$ 的频谱区间内频点 $i$ 的归一化能量。

（4）平均时频谱方差特征。$f(t)$ 的频谱谱线的方差，称之为平均时频谱方差特征，可表示为

$$T_2 = \frac{1}{N} \sum_{i=1}^{N} (x_i - \bar{x})^2 \tag{3-45}$$

$$\bar{x} = \frac{1}{N} \sum_{i=1}^{N} x_i$$

式中：$N$ 为频谱中包含的频点总数；$\bar{x}$ 为 $f(t)$ 的频谱均值。

### 3.3.3 声学故障源定位

#### 3.3.3.1 基于波束形成的干式电抗器故障定位

波束形成法以其测量速度快、计算效率高、适宜中长距离测量、对稳态瞬态及运动声源定位精度高等特点被广泛应用于声源识别及定位。波束形成的目的是使多阵元构成的基阵经适当处理得到在预定方向的指向性。阵列信号处理研究如何从传感器阵列上接收的信号提取信息的问题,广泛应用在雷达、声纳、通信、天文和地震勘测等方面。其中波束形成亦称空域滤波,逐步成为阵列信号处理的标志之一。

（1）波束形成原理。常规波束形成算法因其信号处理速度快而得到广泛应用,最具代表性的就是时延求和波束形成算法,其基本原理是:信号到达麦克风阵列每个阵元的时间不同,因此各阵元接收到的信号之间都会有一个时间差,叫作时延差,根据时延差的大小对各阵元所接收到的信号进行时间上的补偿,使其在时域上对齐,最后通过加权系数进行加权相加,使目标方向上的信号增益最大。以 $M_S$ 个阵元均匀线阵为例,假设阵列接收到的信号为窄带信号,则常规波束形成的原理如图 3-37 所示。

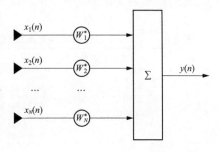

图 3-37　波束形成原理图

麦克风阵列的输出为

$$y(t) = \sum_{i=1}^{M_S} w_i(\theta) x_i(t) \tag{3-46}$$

向量表示为

$$y(t) = w^H(\theta) x(t) \tag{3-47}$$

$$w(\theta) = \left[ e^{-jwt} \cdots e^{-j(M_S-1)w\tau} \right]^T$$

式中：$w(\theta)$ 为阵列的加权系数。

则常规波束形成算法的输出功率为

$$P_{CBF}(\theta) = E[y(t)^2] = w^H(\theta) R w(\theta) \tag{3-48}$$

$$R = E\left[x(t)x^{\mathrm{H}}(t)\right]$$

式中：$R$ 为阵列输入信号 $x(t)$ 的协方差矩阵。

由式（4-48）可求得麦克风阵列的输出功率，则输出功率最大值对应的角度即为声源的位置。

（2）自适应波束形成。由于常规波束形成算法接收的是特定的信号，稳定性较好，其加权系数往往是根据某个特定的场合设计的，因此，当麦克风阵列的使用场合改变时，这组特定的加权系数效果就会变差甚至会失效。自适应波束形成技术的出现解决了这一问题。当麦克风阵列接收到的信号产生变化时，其加权系数也会跟着变化，从而使阵列始终在目标方向上的增益最大。因此，自适应波束形成算法其实就是在一些准则的限制下对加权系数寻求最优解的过程。常用的准则有最大信噪比准则、最小均方误差准则、线性约束最小方差准则，其特点如表 3-5 所示。

表 3-5 　　　　　　　　　　自适应波束形成算法常用准则及特点

| 准则 | 最大信噪比 | 最小均方误差 | 线性约束最小方差 |
|---|---|---|---|
| 要求 | 使期望信号分量功率与噪声分量功率之比最大 | 使阵列输出与期望响应 | 使阵列输出与期望响应；使阵列输出与期望响应 |
| 代价函数 | $J(w)=\dfrac{w^{\mathrm{H}}R_{\mathrm{s}}w}{w^{\mathrm{H}}R_{\mathrm{n}}w}$ $R_{\mathrm{n}}$ 为噪声相关矩阵；$R_{\mathrm{s}}$ 为信号相关矩阵 | $J(w)=E\left[\mid w^{\mathrm{H}}x(k)-d(k)\mid^{2}\right]$ $d(k)$ 表示期望信号 | $J(w)=w^{\mathrm{H}}Rw$ 约束条件为：$w^{\mathrm{H}}a(\theta)=f$ |
| 最佳解 | $R_{\mathrm{n}}^{-1}R_{\mathrm{s}}w=\lambda_{\min}w$ $\lambda_{\min}$ 为 $R_{\mathrm{n}}^{-1}R_{\mathrm{s}}$ 的最大特征值 | $w=R_{\mathrm{s}}^{-1}r_{\mathrm{xd}}$ $R_{\mathrm{x}}=E\left[x(k)x^{\mathrm{H}}(k)\right]$ $r_{\mathrm{xd}}=E\left[x(k)d^{*}(k)\right]$ | $w=R^{-1}c\left[c^{\mathrm{H}}R^{-1}c\right]^{-1}f$ |
| 优点 | 信噪比最高 | 不需要波达方向信息 | 广义约束 |
| 不足 | 预知噪声信号的统计信息和波达方向 | 会产生干扰信号 | 预知波达方向信息 |

（3）基于 MVDR 的自适应波束形成算法。其成立条件就是当 LCMV 算法的代价函数满足约束条件 $w^{\mathrm{H}}a(\theta)=1$，此时阵列信号经过波束形成之后功率

最小，而系统的信噪比则达到了最大值。具体数学原理为，将麦克风阵列接收到的信号模型变换到频域中，则有

$$X(\omega) = AS(\omega) + N(\omega) \tag{3-49}$$

麦克风阵列的阵元数目为 $M_\mathrm{S}$，在空间中有 $N_\mathrm{S}$ 个不同方向的信号 $x_1(n)$，$\cdots$，$x_{N_\mathrm{s}}(n)$ 分别从 $\theta_1$，$\theta_2$，$\cdots$，$\theta_{N_\mathrm{s}}$ 角入射到麦克风阵列，则此时麦克风阵列接收到的信号可以表示为

$$
\begin{aligned}
X(n)_{M_\mathrm{S} \times 1} &= A_{M_\mathrm{S} \times N_\mathrm{S}} S_{N_\mathrm{S} \times 1} \\
&= [a(\theta_1), \cdots, a(\theta_{N_\mathrm{S}})]_{M_\mathrm{S} \times N_\mathrm{S}} \times [S_1(n), \cdots, S_{N_\mathrm{S}}(n)]_{N_\mathrm{S}}^\mathrm{T}
\end{aligned} \tag{3-50}
$$

为了使阵列只接收某声源方向上的信号，就需要屏蔽其他方向上的信号，因此需要对每个阵元接收到的信号进行加权。假设加权系数 $w$ 存在，则加权后麦克风阵列的总的输出信号为

$$y(n) = w^\mathrm{H} x(n) \tag{3-51}$$

信号总功率为

$$P(\theta) = w^\mathrm{H}(\theta) R w(\theta) \tag{3-52}$$

假设麦克风阵列接收到的众多信号中，只有 $\theta_1$ 方向入射的信号为声源信号，其他方向上的信号都为干扰信号，此时经过波束形成后麦克风阵列总的输出信号可以写成

$$y(n) = w^\mathrm{H} x(n) = w^\mathrm{H} a(\theta_1) s_1(n) + w^\mathrm{H} z(n) \tag{3-53}$$

式中：$a(\theta_1)$ 为 $\theta_1$ 方向上信号对应的加权系数；$z(n)$ 为其他方向的入射信号。

理想条件下，麦克风阵列只接收声源方向的信号，其他方向上的信号被完全屏蔽，则有

$$
\begin{cases}
w^\mathrm{H} a(\theta_1) = 1 \\
P(\theta_1) = w^\mathrm{H}(\theta) R w(\theta) = P_\mathrm{min}
\end{cases} \tag{3-54}
$$

将声源信号的角度推广到任意角度 $\theta$，那么问题就转化为

$$
\begin{cases}
w^\mathrm{H} a(\theta) = 1 \\
P(\theta) = w^\mathrm{H}(\theta) R w(\theta) = P_\mathrm{min}
\end{cases} \tag{3-55}
$$

运用拉格朗日乘子法来计算加权向量 $w$，首先构造代价函数 $J(w)$，则有

$$J(w) = w^\mathrm{H} R w - \lambda_\mathrm{w} [1 - w^\mathrm{H} a(\theta)] \tag{3-56}$$

式中：$\lambda_w$ 为加权向量 $w$ 的特征值。

以加权向量 $w$ 为变量，求 $J(w)$ 的梯度并令其为零，即

$$\Delta J(w) = 2Rw - 2\lambda_w a(\theta) = 0 \tag{3-57}$$

由式（3-57）可以求出系数 $w$，即

$$w = \lambda_w R^{-1} a(\theta) \tag{3-58}$$

对式（4-58）两端取共轭，并将 $w^H a(\theta) = 1$ 带入，可得

$$\lambda_w = \frac{1}{a(\theta)^H (R^{-1})^H a(\theta)} \tag{3-59}$$

加权向量 $w$ 可以写成

$$w = \frac{R^{-1} a(\theta)}{a(\theta)^H R^{-1} a(\theta)} \tag{3-60}$$

此时，麦克风阵列的总的输出功率变为

$$P_{ACBF}(\theta) \frac{1}{a(\theta)^H R^{-1} a(\theta)} \tag{3-61}$$

波束形成之后麦克风阵列输出信号的总功率已经知道，则输出功率最大值对应的角度即为声源的位置，其本质为全局寻优。

### 3.3.3.2 不同麦克风阵列下波束成形算法定位效果

不同的麦克风阵列形式对波束指向性有较大影响，阵列波束越集中则可获取更加清晰的目标声源信息，噪声滤波效果更好。指向性指数是表征波束指向性的重要参数，表示为麦克风阵列主响应轴（波束轴线）检测到的声源信号与需要屏蔽的各种噪声与回声信号的比值。

$$P(f, \varphi, \theta) = | B(f, c) |^2 \tag{3-62}$$

$$\rho = \rho_0 = const \tag{3-63}$$

$$D = \int_{f=0}^{F,2} \frac{P(f, \varphi_i, \theta_r)}{\frac{1}{4\pi} \int_0^\pi d\theta \int_0^{2\pi} d\varphi \cdot P(f, \varphi, \theta)} \tag{3-64}$$

$$DI = 10 \lg D \tag{3-65}$$

式中：$P(f, \varphi, \theta)$ 为声源信号之声能；$\varphi, \theta$ 表示与参考声轴的角度。

（1）十字形麦克风阵列定位效果（阵元数量 17）如图 3-38 所示。

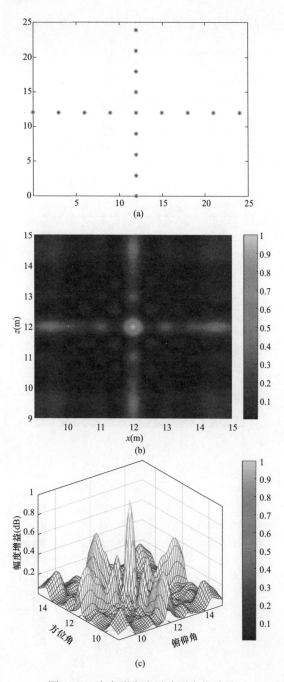

图 3-38  十字形麦克风阵列定位效果

（a）十字形麦克风阵列图；（b）CBF 声源图；（c）CBF 三维声源图

（2）矩形麦克风阵列定位效果（阵元数量 64）如图 3-39 所示。

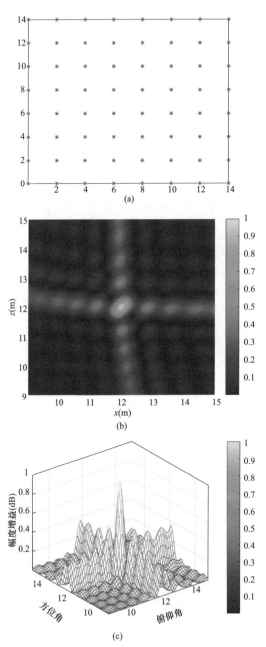

图 3-39 矩形麦克风阵列定位效果

（a）矩形麦克风阵列图；（b）CBF 声源图；（c）CBF 三维声源图

（3）圆环形麦克风阵列定位效果（阵元数量 61）如图 3-40 所示。

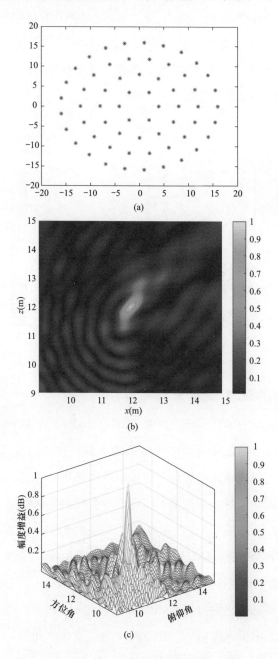

图 3-40　圆环形麦克风阵列定位效果

（a）圆环形麦克风阵列；（b）CBF 声源图；（c）CBF 三维声源图

由图 3-38~图 3-40 可以看出，增加阵列麦克风的数量可有效提高阵列的波束指向性，同时，在麦克风数量相近的情况下，圆环形阵列具有更好的波束指向性。

图 3-41 展示了基于改进的波束形成算法的多声源定位效果示意图，该算法是阵元数量为 61 的基于圆环形阵列实现的。可以看出，波束形成算法对于多声源的定位可表现出优异的性能。

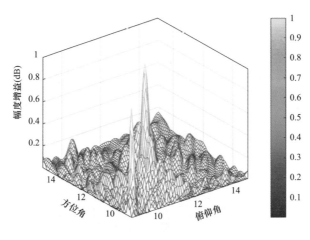

图 3-41　多声源定位

### 3.3.3.3　其他类型波束形成算法

（1）延时求和波束形成。延时求和（delay and sum，DAS）波束形成的思想主要是两个部分，即信号的同步和信号的求和。首先通过延时（或者相移）对接收到的信号进行同步，然后再将同步后的各路信号相加。波束形成的本质是一种相关平均算法，对于非相关的噪声信号会起到抑制作用，因此 DAS 算法可以有效地抑制非相关噪声（例如麦克风内部的电噪声），从而达到提高信噪比（SNR）的目的。DAS 算法简单易用，由于只用到了麦克风阵列的阵列结构信息，因此受环境因素影响比较小，鲁棒性强，但是对于相关噪声抑制能力差。

（2）基于矩阵特征空间分解（multiple signal classification，MUSIC）算法的声源位置估计。由于声源信号点在空间中的位置是未知的，因此常常利用阵列接收信号进行声源位置估计。波达方向（direction-of-arrival，DOA）估计是一类通过回波信号估计声源的仰角和方位角的研究方法，MUSIC 算法是进行

DOA 估计的经典算法之一。算法的主要思想为通过对阵列接收信号的协方差矩阵进行特征值分解，获得对应的信号子空间和噪声子空间，利用这两个子空间之间的正交性得到具有"针状"的空间谱峰，从而得到声源信号的位置，具有较高的角度分辨能力。

保证其他条件相同的前提下，随着阵元数的增加，DOA 估计谱的谱峰宽度变窄，其他方向的谱瓣渐渐被平滑，说明阵列的指向性逐渐增强，对空间中信号的分辨力相应地提高。因此，要进行更加精确的 DOA 估计，可以增加阵元数量。但阵元数量越多，矩阵维度越大，运算越复杂，导致运行速度随之变慢，而且由图中可以看出阵元数目超过一定数量时，谱峰变化不会很明显。因此若选择 MUSIC 算法进行 DOA 估计时，可根据具体的条件选取合适的阵元数量，使分辨率和算法运行速度取得折中。

（3）声源成像反卷积法（deconvolution approach for the mapping of acoustic sources，DAMAS）波束形成算法。反卷波束形成是从常规波束形成中衍生出的后处理波束形成算法，其核心是假设声源图是点扩散函数（point-spread-function，PSF）与空间上点声源的线性组合，通常需要先进行常规波束形成得到中间结果，然后再用中间结果进行反卷积计算。阵列的孔径、麦克风的数量和排布方式、探测频率等影响着阵列响应，他们是限制定位分辨率的主要因素。DAMAS 算法将这些因素影响转化为 PSF 模型，再通过反卷积逆运算就能反演出实际声源的分布，理论上实现了阵列孔径的无限大所以极大提升定位的分辨率。反卷积波束形成带来的显著效果使得它成为当前主流的声学成像算法。

（4）DAMAS-C 波束形成算法。当空间声源存在相干性时，源的协方差矩阵 S 不再是对角阵而是一个 Hermiter 阵，由于声源之间存在互功率，因此上节的点扩散函数矩阵模型不适用于相干源情况。有学者提出 DAMAS-C 反卷积法用于处理相干源的情况，通过对常规波束形成修正求出波束形成的聚焦点和其他网格点的互功率，再从相干常规波束形成求出针对相干源的点扩散函数模型 A′，之后进行反卷积波束形成。

（5）CLEAN-PSF 波束形成算法。CLEAN 算法最早使用在射电天文上，天文研究者使用CLEAN算法来移除波束形成计算出的星图的旁瓣值。国外学者首次在麦克风阵列信号处理上使用CLEAN算法压制常规波束形成阵列波束的高旁瓣值，以此来提升波束形成输出结果的辨识度。因为阵列无法实现孔径无穷大，必然会在波束形成中带来旁瓣干扰，从而使得声源图混乱不清难以分辨出实际声源位置，CLEAN算法能够有效地压低或消除这些干扰。值得注意的是，引入的CELAN算法只是针对点声源是非相干的情况，基本原理也同样基于非相干源的点扩散函数模型，所以该算法也称为CLEAN-PSF波束形成。

（6）CLEAN-SC波束形成算法。有学者提出大多数的反卷积算法都依赖于从常规波束形成的点声源模型中提取出的点扩散函数，然而在多数应用中，建立的点扩散函数模型往往与真实场景不符合。探测的声源并非点声源而且也不具备点声源的均匀指向性；声源之间没有严格的非相干性；麦克风性能的好坏、复杂的强气流变化的因素都会影响到点扩散函数。为了克服CLEAN-PSF的缺陷，有研究者在CLEAN算法的基础上提出了解决空间中声源相干问题的波束形成算法，为了方便表达，将该算法简述为CLEAN-SC。

## 3.4 声场可视化

声场可视化即声成像（acoustic imaging）是指利用声阵列采集声源信息，利用摄像头采集视频信息，再将声源信号形成能代表声源强弱、方位的声图像，最后与视频信息按照某种方法融合，利用显示器显示出来的声像融合技术。声成像系统对声信号的处理利用了波束形成原理，通过声传感器阵列面接收入射到阵元面上的声压信号，通过时延补偿实现对声源的定位估计；摄像头实时采集声源的位置坐标来确定物体的实际物理位置，二者融合显示即为声成像系统，其工作原理如图3-42所示。

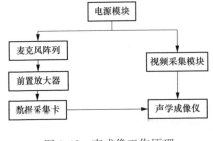

图 3-42  声成像工作原理

## 3.5 基于 Labview 的声成像定位系统

Labview 是一种程序语言开发环境，但是与其他的计算机高级语言不同的是，Labview 采用图形化的编程语言，图形界面丰富，包含大量的分析处理子程序，常用于声场可视化系统的设计。基于 Labview 编程设计的程序框架如图 3-43 所示。系统软件主要包括：实时数据、频谱分析、时频分析和声像联合四个功能模块，同时包括新建工程、信号分析、保存文件、数据回放等流程。

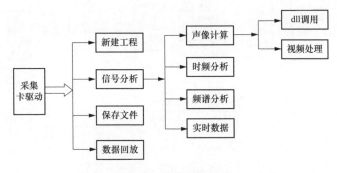

图 3-43  软件程序框架

声像联合功能模块将 dll 文件算出的声像图和摄像头的图像重叠显示，确定噪声源的位置，Labview 通过调用函数库节点的方式实现调用 dll 文件。图 3-44 所示为声定位的声像联合图。

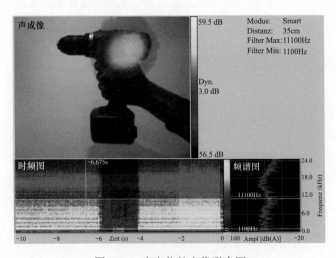

图 3-44  声定位的声像联合图

dll 的算法程序框图如图 3-45 所示，将信号采集电路采集的多路传声器信号进行计算，得到声像图。值得注意的是，假设摄像头的像素为 720×576，为了实现与视频图像的融合，设定扫描的点数应为 720×576。声像图与麦克风阵列上配装的摄像头所拍的视频图像以透明的方式叠合在一起，可直观地判断干式电抗器产生噪声源的位置及声场强度的分布状态。

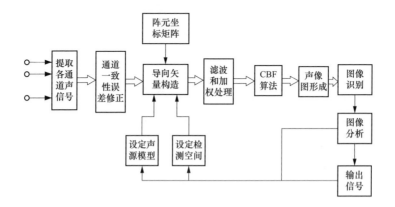

图 3-45　dll 文件中的波束形成算法框图

# 4　干式电抗器典型故障案例分析

## 4.1　基于传统检测技术的故障案例分析

### 4.1.1　某 35kV 干式空心并联电抗器故障分析

#### 4.1.1.1　故障简介

2017 年 9 月 5 日 2 时 8 分，某 500kV 变电站 1 组 35kV 干式空心并联电抗器跳闸（过流Ⅱ段动作），经运维人员检查发现该电抗器 C 相顶部有明火，并伴有浓烟，现场立即对该故障设备进行隔离、灭火并报火警。5 时 20 分，设备明火完全扑灭，未造成负荷损失（见图 4-1）。故障发生时站内天气为阴天。

经现场检查，电抗器 C 相已烧毁，电抗器熔化溢出的铝水出现在 8～10 号包封下地面上。该位置的正上方为调匝环（见图 4-2）。保护测控装置显示 2 时 8 分 11 秒 400 毫秒，保护装置启动，506ms 后过流Ⅱ段动作，故障电流 $I_a=0.78A$，$I_b=0.72A$，$I_c=1.27A$，保护动作正确。最近一次例行试验及近期红外测温未发现异常。

图 4-1　故障烧损的电抗器

图 4-2　故障烧损电抗器底部

## 4.1.1.2 故障原因分析

因为该故障电抗器 C 相已损坏，所以对 B 相返厂进行解体试验前进行出厂试验，包括直流电阻、电抗、损耗及匝间震荡耐压试验。试验数据未出现异常，其中测量损耗数据偏低于出厂值，原因是出厂试验周围环境为不锈钢围栏，实际试验周围为玻璃围栏，铁磁会造成一定损耗，属于正常现象。出厂时环境温度 12℃，实际解体时环境温度 15℃，具体试验结果数据见表 4-1。

表 4-1 解体 B 相前试验结果

| 参数 | 实测值 | 出厂值 | 结论 |
|---|---|---|---|
| 电阻（Ω） | 0.03886 | 0.03852 | 合格 |
| 电抗（Ω） | 20.56 | 20.56 | 合格 |
| 测量损耗（W） | 53372 | 59644 | 合格 |
| 脉冲振荡匝间绝缘试验（kV） | 160 | 160 | 合格 |

通过使用切割机将电抗器最外层包封的部分进行切割检查，发现该断面层排列整齐、紧密、无异常、无受潮现象；同时对线圈内部铝线之间进行靠聚酰氰胺薄膜以及环氧树脂绝缘耐压试验，实测值均在 6000V 以上，符合现场绝缘规定，见图 4-3 和图 4-4。

图 4-3 解剖最外层线圈

图 4-4 线圈排列紧密无受潮

通过对电抗器生产时的导线出厂报告以及抽检报告进行检查，该导线均为合格产品。随机剪取调匝内环导线和线圈内导线，在烘箱内加热至 145℃，保持 45min，导线未出现颜色变化，耐压 5kV 1min 通过，上升至 5.6kV 时击穿，证明导线材质合格（见图 4-5），解剖调匝环见图 4-6，制作中的调匝环见图 4-7。

图 4-5　调匝环接入线圈部分

图 4-6　解剖调匝环

图 4-7　制作中的调匝环

电抗器正常运行时，其设备端电压为 20.2kV，单台电抗器平均有 300 匝线圈，其单根导线间承受的电压为 70～80V，远远小于出厂时理论耐受值 5kV，电抗器不存在设计缺陷。但是当导线表面存在毛刺、绝缘损坏、受潮等不良情况时，导线匝间绝缘性能降低，严重时会导致击穿。通过现场检查发现，该电抗器调匝环与线圈连接处的导线非常不规则，有明显的毛刺、切口等，为制造过程中老虎钳等夹钳工具造成的。通过电场计算得知，这是明显的绝缘薄弱点，与故障处实际发现一致。

另外，在现场检查时发现条匝环内部铝线之间绝缘薄弱，其条匝环内部铝线之间绝缘只有 3 层聚酯薄膜绝缘，与线圈铝线间绝缘标准规定相比少一层环氧树脂，存在大量空腔。对调匝环外部检查，进一步发现该整体是通过捆扎玻璃丝并涂常温固化树脂 593 进行绝缘，这种材料玻璃化转变温度仅为 60℃（电

干式电抗器运检技术

抗器正常运行时其表面温度为 70~80℃)，极易导致潮气进入使导线内部绝缘层绝缘性能下降。

### 4.1.1.3　结论及建议

（1）结论。通过故障现场与电抗器返厂解体情况分析，此次故障原因为该设备质量不合格，具体表现为调匝环制作过程中，因其工艺制造不良造成调匝环表面存有毛刺、切口等；另外在该设备生产中使用的常温固化树脂 593 玻璃丝转变温度较低，使得在电抗器正常运行时导致其迅速老化裂，易进入潮气致使导线聚酯薄膜绝缘性能明显下降，匝间击穿。

（2）建议。

1）严格遵守质量管理规范和工艺流程。在调匝环制作过程中严格按照标准生产，并进一步加强绝缘包覆，同时对其内部铝线间填充满树脂泥，外部用耐高温的 5060 树脂代替常温固化树脂 593 进行固化。

2）加强在运干式空心电抗器运行维护。在设备停电检修时，重点检查电抗器表面、调匝环绝缘涂层是否有龟裂脱落、变色，同时着重观察电抗器包封表面憎水性能是否劣化。

### 4.1.2　某 10kV 干式空心串联电抗器故障分析

#### 4.1.2.1　故障简介

某 220kV 变电站在投入 2 号并联电容器组 10min 后，运行人员发现该电容组中的串联电抗器起火并伴有浓烟，随后立即切掉电源，同时将 2 号并联电容器组退出运行状态。经对现场外观检查发现，该电抗器组中 B 相电抗器第 1、2、3 层的包封的部分（上半部分）已经烧损，尤其是第一层包封烧损最为严重，而且起火点处存有明显的鼓包现象。

#### 4.1.2.2　故障原因分析

（1）电抗器历史运行情况。通过对电抗器初始资料进行查阅得知该设备型号为 CK-GKL-150/10-6，线圈材质为铝，额定容量为 150kvar，电抗率为 6%，额定电感为 3.082mH，额定电流为 393.6A，三相叠装，出厂日期 2005 年 6

月，该设备于 2006 年 5 月投入运行。该站已经连续发生了两起同一批次型号的 10kV 干式空心串联电抗器烧损事故，并且 2 起事故存有许多的共同点：故障时间均发生在设备投入不久、故障发生点均为电抗器内部 1～3 层包封的上部分、故障点均有明显的鼓包现象。

（2）过电流、过电压分析。该电抗器额定电流为 393.6A，两次故障发生时的电流为 432.66A 和 416.72A。因串联电抗器允许过电流的倍数为 1.35，可知实际电抗器允许运行的电流值为 531.36A，由此可得两次故障的电流实际值均在正常范围之内。在串联电抗器正常运行时电压较低，电压值为运行电压的 6%，通过查阅运行电压记录数据可知，发生两次故障时的电压均在正常范围之内，不存在过电压的问题，可以排除电击穿的可能。

（3）谐波分析。电抗器中电抗率的一般选择为 6% 或 12%，对于 6% 电抗率的电抗器，从理论上分析，3 次谐波是零序分量，为避免谐波的影响，通常措施为将变压器低压侧三角绕组接地线封闭。鉴于此，在设计中通常采用 6% 的电抗率来抑制五次及以上谐波分量对电容器的影响。在变电站中，因大量的非线性负荷设备的投运，高次谐波对电网的稳定运行越来越重要，变电站 10kV 母线侧频繁出现了多次 3 次谐波污染的事故，如果系统中 3 次谐波含量超标，就要选用 12% 的电抗率，因此，需要对该变电站 10kV 母线进行谐波测试，以判断电抗率选取的正确性。

在该变电站 10kV 两段母线分别接 4 台并联电容器组，没有带其他负荷，故障段母线谐波测试的结果见表 4-2。

表 4-2　　　　　　　　10kV 故障段母线谐波测试表

| 谐波次数 | 2 | 3 | 5 | 7 | 9 | 11 | 13 | 15 | THD |
|---|---|---|---|---|---|---|---|---|---|
| 实测值 | 0.160% | 1.978% | 0.166% | 0.280% | 0.150% | 0.180% | 0.170% | 0.072% | 2.023% |
| 国标限值 | 1.6% | 3.2% | 3.2% | 3.2% | 3.2% | 3.2% | 3.2% | 3.2% | 3.2% |
| 是否超标 | 否 | 否 | 否 | 否 | 否 | 否 | 否 | 否 | 否 |

从表 4-2 可知，10kV 故障段母线各次谐波电压均在国标限值内，不存在谐波污染的问题，因此电抗器选取 6% 的电抗率符合要求。

（4）合闸涌流分析。由电抗器运行情况可知，两次故障都是在投入并联电容器组不久后发生的，因此需对设备进行合闸涌流进行计算。该变电站 10kV 侧故障母线的短路容量 $S_d$ 为 414.85Mvar，故障段母线带有 4 组并联电容器组，总容量为 30Mvar。第一次故障时，10kV 故障段母线侧 3 号、4 号组电容器组处于运行状态，追加投入 2 号电容器组。通过数值计算，电源影响系数 $\beta$ 为 0.33，合闸涌流的倍数 $I_{ym}$ 为 4.63，第二次故障时，10kV 故障段母线侧 4 号电容器组处于运行状态，追加 1 号电容器组，同理计算，第二次故障的合闸涌流倍数为 4.41。因此，在合闸的瞬间，两次故障电流分别为 2003.2A 和 1837.7A。

因该变电站带有电铁、钢厂等大型负荷，无功功率变化较大，所以电容器组的投切非常频繁。查询记录数据可知，该电容器组平均每 2 天就要 1 次投切操作。

（5）电抗器、绝缘材料的分析。由表 4-3 计算出两次故障时铝导线的平均通流密度分别为 1.44A/mm$^2$ 和 1.38A/mm$^2$，铝导线的通流密度偏大。铝导线在制造过程中易受到杂质的污染，致使铝导线的电阻率偏高，造成电抗器各线圈电流分布不均，易出现局部过热的缺陷。通过在变点站红外测温检测情况，证实了设备中该缺陷的存在。

表 4-3　　　　　　　　电抗器的结构参数

| 包封 | 层数 | 并绕根数 | 铝导线线径（mm） | 铝导线面积（mm$^2$） |
|---|---|---|---|---|
| 第 1 个 | 3 | 2 | 2.36 | 26.23 |
| 第 2 个 | 3 | 2 | 2.80 | 36.93 |
| 第 3 个 | 3 | 2 | 3.15 | 46.73 |
| 第 4 个 | 3 | 2 | 3.35 | 52.86 |
| 第 5 个 | 3 | 2 | 3.55 | 59.36 |
| 第 6 个 | 4 | 2 | 3.55 | 79.14 |

通过对该电抗器铝导线现场进行解剖分析可知，该铝导线采用的是聚酯薄膜缠绕绝缘，同时各包封之间采用玻璃丝固化绝缘，包封外表面喷有一层防紫外线和臭氧的油漆涂层。该电抗器采用的绝缘材料等级为 B 级，其绝缘耐热只有 130℃。GB 50150《电气装置安装工程　电气设备交接试验标准》中的规定：串联电抗器绕组导线股间、匝间、包封的绝缘材料耐热等级应不低于 F 级（绝

缘耐热155℃）绝缘材料，以此可以判断该电抗器采用的绝缘材料不符合要求。电抗器绕组绝缘耐压等级、温升见表4-4。

表4-4 电抗器绕组绝缘耐热等级、温升

| 绝缘材料等级 | 绝缘耐热（℃） | 额定短时电流下平均温度（℃） | 温升（K） |
|---|---|---|---|
| F级 | 155 | 铜：350；铝：200 | 75 |
| H级 | 180 | 铜：350；铝：200 | 100 |
| B级 | 130 | | |

通过以上5点分析得出该电抗器故障原因为：

1）该电抗器的工艺质量存有问题。具体为在铝导线制造过程中夹杂了杂质，致使包封铝导线电流分布不均，使得在电抗器运行过程中出现局部过热的缺陷，又因铝导线使用的绝缘材料耐热等级偏低，经过长期的热效应累计，出现局部热鼓包现象。在合闸电流的冲击下，在其薄弱点（鼓包处）引起匝间短路，进一步使电抗器绕组电流过大，最终形成贯穿放电，使得绝缘层加热至燃点起火。

2）该电抗器组的频繁操作使其设备遭受合闸电流的频繁冲击，加快了绝缘介质的老化、劣化，也是此次故障的重要原因之一。

### 4.1.2.3 建议采取的措施

（1）严把电抗器制造工艺流程与质量规范，同时选型时务必注意绝缘材料是否符合实际情况。

（2）加强对电抗器的运行检查工作。重点查看其设备表面是否有鼓包、龟裂等破损现象；积极使用红外测温技术监视其设备发热情况和发热部位。

（3）优化电网运行方式，避免并联电抗器组的频繁投切运行。

## 4.1.3 某66kV干式空心电抗器短路故障分析

### 4.1.3.1 故障简介

2017年某500kV变电站66kV $Z_5$号电抗器保护测控装置过流Ⅱ段保护动作，$Z_5$号断路器跳闸，66kVⅢ母所连接的无功补偿设备由AVC系统自动投退，其一次设备接线见图4-8。事故发生当天，站内无设备异常信号，无误操作，天气晴朗。

干式电抗器运检技术

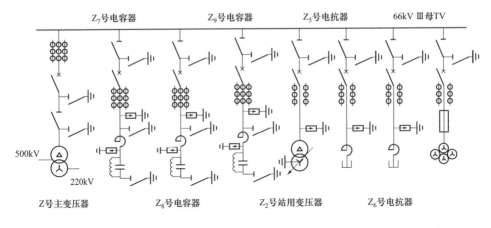

图 4-8　66kV Ⅲ母一次设备接线图

## 4.1.3.2　故障分析

（1）电抗器检查及结构参数。通过对现场检查发现，66kV $Z_5$ 号电抗器 B 相引出线顺时针过 1 吊臂宽度位置处，第 7 层和第 8 层包封层间通风道上、下端面电弧过火痕迹明显，见图 4-9。支撑绝缘子及过渡支座过烟过火明显，见图 4-10。

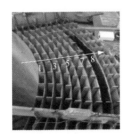

图 4-9　第 7 层和第 8 层绕包封层过火痕迹　　　图 4-10　支撑绝缘子过火痕迹

通过查阅 $Z_5$ 号电抗器保护装置动作记录，确认过流Ⅱ段保护动作正确。2016 年与 2017 年电抗器紫外、红外热成像例巡检、绝缘电阻、直流电阻例行试验均正常合格。现场使用内窥镜对 A 相、C 相电抗器通风道进行检查，发现通风道内有积污及毛絮疑似物，见图 4-11。

66kV $Z_5$ 号故障电抗器由玻璃钢支柱、绝缘子、线圈、防雨罩组成，型号为 BKK-20000/66，2010 年 1 月生产，2010 年 6 月投运，设备参数见表 4-5。

图 4-11　通风道内积污

表 4-5　　　　　　　　　　66kV $Z_5$ 号电抗器设备参数

| 项目 | 参数 | 项目 | 参数 |
|---|---|---|---|
| 额定容量（kVA） | 20000 | 使用条件（A） | 户内外通用 |
| 额定电压（kV） | $66/\sqrt{3}$ | 额定电流（kA） | 525 |
| 系统电压（kV） | 66 | 短时电流（kA） | 3 |
| 最高运行电压（kV） | $72.5/\sqrt{3}$ | 短时电流持续时间（s） | 3 |
| 实测电抗（Ω） | 73.1228 | 冲击水平（kV） | 350 |
| 绝缘耐热等级 | F | 标准代号 | IEC 280-88 |

（2）电抗器解体试验。根据保护动作及现场检查，推测 $Z_5$ 号电抗器 B 相第 7 层和第 8 层绕包封层间可能发生绝缘击穿，为进一步确定故障点部位及原因，对其进行解体分析。

1）电抗器参数试验。测量 66kV $Z_5$ 号电抗器 B 相的直流电阻值、阻抗值、工频损耗值，并与出厂试验值进行比较，见表 4-6。

表 4-6　　　　　　　　　　整 体 参 数 试 验 值

| 项目 | 直流电阻（Ω） | 阻抗值（Ω） | 工频损（kW） |
|---|---|---|---|
| 出厂试验值 | 0.1837 | 73.1228 | 61.351 |
| 返厂实测值 | 0.2116 | 73.4217 | 149.946 |
| 实测值/出厂值 | 1.152 | 1.004 | 2.44 |

由表 4-6 分析，在直流电阻增大 15.2%，工频损耗值增大 14%，此时阻抗值无明显变化。

2）导线参数试验。对故障电抗器中所有的下吊臂的出线头，进行测量导线的通断情况，其测量结果如表 4-7 所示。

表4-7                                导 线 通 断 测 量

| 包封层 | 小层 | 下出线吊臂 | 导线通断 |
|---|---|---|---|
| 1 | 1-1 | 1　2（上）<br>5　6（上） | 通<br>通 |
| … | … | … | … |
| 7 | 7-1<br>…<br>7-4 | 1　4（上）<br>…<br>5　8（上） | 通<br>通<br>通 |
| 8 | 8-1<br>…<br>8-4 | 2　1（上）<br>…<br>5　8（上）<br>1　4（上） | 断<br>…<br>通<br>断 |
| … | … | … | … |
| 11 | 11-4 | 3　7（上）<br>7　3（上） | 通<br>通 |

将 66kV $Z_5$ 号电抗器上、下吊臂中所有出线头，用 500V 兆欧表测量各绕包封层股间、层间的绝缘电阻值，测量结果见表4-8。

表4-8                            包封层绝缘电阻测量

| 包封层 | 小层 | 下出线吊臂 | 股间绝缘电阻 | 层间绝缘电阻 |
|---|---|---|---|---|
| 1 | 1-1<br><br>1-2 | 1　2（上）<br>5　6（上）<br>1　1（上）<br>5　5（上） | ∞<br><br>∞ | ∞ |
| … | … | … | … | … |
| 7 | 7-3<br><br>7-4 | 1　5（上）<br>5　1（上）<br>1　4（上）<br>5　8（上） | 0<br><br>0 | 0<br><br>0 |
| 8 | 8-1<br>…<br>8-4 | 2　1（上）<br>…<br>5　8（上）<br>1　4（上） | 0<br>…<br>0 | 0<br>… |
| … | … | … | … | … |
| 11 | 11-4 | 3　7（上）<br>7　3（上） | ∞ | ∞ |

由表 4-7 和表 4-8 可以看出，除了第 8 层包封层中导线断裂，第 7 层和第 8 层绕包封层中部分股间、层间绝缘为 0，其他绕包封层导线导通正常，绝缘电阻正常。

3）电抗器解体分析。对故障电抗器 B 相第 11 层包封层向内解剖至第 7 绕，解剖 4 个包封层。在第 11 绕至第 9 绕包封解体中，发现其通风道内部积灰严重，同时中间偏上位置有大量鸟类排泄物痕迹，见图 4-12。

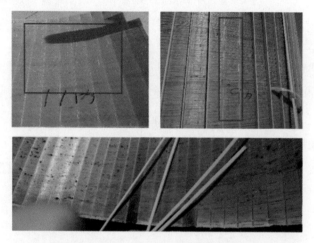

图 4-12  包封表面鸟类排泄物及脏污

在第 8 层包封面外表面存有鸟类排泄物、积灰，同时有可见的电弧闪络形成的贯穿通道和外绝缘裂缝及烧蚀孔洞，见图 4-13。

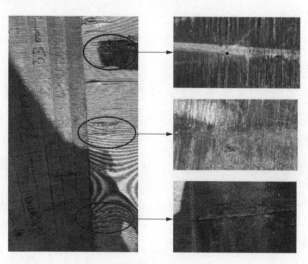

图 4-13  第 8 绕包封绝缘损坏处

对第 8 绕外包层进行解剖分析，在外包层 330mm、700mm 及 1450mm 处各层导线绝缘情况，见表 4-9。

表 4-9                      第 8 层包封故障处导线情况

| 位置 | 导线绝缘检查情况 |
|---|---|
| 300mm 处 | 第一层有 18 根导线熔断；第 2 层有 5 根导线熔断，1 根导线受损；第 3 层有 3 根导线熔断，1 根导线受损；第 4 层有 2 根导线熔断 |
| 700mm 处 | 第一层有 1 根导线绝缘击穿受损严重，相邻一根导线受损 |
| 1450mm 处 | 第一层有 1 根导线轻微受损 |

通过上述综合分析，66kV $Z_5$ 号电抗器 B 相通风道内鸟类排泄物、灰尘等积污明显，同时第 10 绕外侧支撑条与包封结合处有鸟类排泄物附着并伴有明显的爬电痕迹。在运行过程中因遇降雨降雪等潮湿环境，积污现象逐步恶化在其表面纵深发展。由内向外发展的爬电烧蚀了外绝缘层，造成了包层之间的短路，最终形成了电抗器包封层间的击穿故障，该故障发生后，过流Ⅱ段保护动作，导致 $Z_5$ 号断路器跳闸。

### 4.1.3.3 处理及采取的措施

（1）处理。对 66kV $Z_5$ 号电抗器故障相进行更换，并对其进行对应的电气试验，需试验合格后再送电。送电后，需对电抗器进行无异常振动、红外热像检测试验。

（2）建议措施。

1）加大定期检查干式电抗器包封外表面防污、紫外线的防腐蚀涂层，对其严重脱落现象及时重新喷涂。

2）运维人员检修时，着重对干式点电抗器通风道内灰尘、毛絮的清理。

3）对电抗器进行红外热像、紫外成像检测时，对于检测试验数值波动明显的设备，考虑进行停电检修并同时进行匝间过电压试验。

4）优化电网运行方式，保证投切设备的均衡，避免反复投切同一电抗器组。

### 4.1.4 某 66kV 干式空心电抗器接地及基础发热故障分析

### 4.1.4.1 故障简介

某 750kV 变电站装有 66kV 干式并联电抗器，在电抗器组投入运行后，运维人员在巡检过程中，发现 11 号电抗器 C 相接地引下线附近有明显白雾（见图 4-14）。经现场初步诊断分析，确定接地引线镀锌扁铁在干扰周围强漏磁环境下出现涡流，引起发热，将非导磁扁紫铜排更换为镀锌扁铁，接地发热消失但是出现干扰基础异常发热现象，对该设备进行停运措施。过两个月后在进行测温，检测显示干扰基础发热仍存在（见图 4-15）。

图 4-14　电抗基础冒白雾现象　　　图 4-15　电抗基础异常发热红外图谱

### 4.1.4.2　故障分析

（1）发热源的确定。通过红外热像仪进行第一次精确测温。环境温度为 30℃，相对湿度为 20％，测量距离为 5m，辐射率为 0.9，风速为 0.8m/s。测温结果显示，各相混凝土基础均有明显发热现象。其中 C 相温度最高，达到了 96.2℃，A、B 相温度分别为 70℃、60℃。11 号电抗器 C 相混凝土基础发热见图 4-16。

由图 4-16 红外图谱可知，接地铜排温度正常；发热部位集中在干扰基础处，并且混凝土基础较土壤温度

图 4-16　11 号电抗器 C 相混凝土基础发热图

高。电抗器的基础发热持续存在的话，会导致混凝土快速劣化，并伴随接地网腐蚀的化学反应，进而造成设备基础不牢固，使得接地网导通性能下降。

为尽快确定发热源的位置，运维人员对该干式电抗器进行停运，并组织专

业人员开挖干式电抗器周围土层，直至漏出干式电抗器混凝土基础根部的筏板表面及干式电抗器外围土层下方的筏板边界。在停运一个月后，对其基础及筏板边界处进行第 2 次红外热像仪测温，测温结果显示测温部位均有明显发热现象。同时发现 A 相干式电抗器基础的西侧根部靠近 A、B、C 三相地网交汇处温度最高，达 89.1℃，干式电抗器外围则为开挖出的南侧筏板边界处温度最高，达 77.2℃，干式电抗器其余各处温度相对较低。第二次测温结果见图 4-17 和图 4-18。

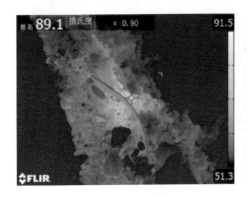 

图 4-17　电抗器基础红外热像图　　图 4-18　南侧筏板边界处红外热像图谱

对第二次红外测温图谱可知：扁铜材质的接地系统温度正常；明显发热的部位位于电抗器混凝土基础根部，而且越靠近底部筏板温度越高；电抗器筏板边界处，筏板的温度高于本地的土壤温度。

在 11 号电抗器停运 2 个月之后，又对其进行了第三次红外测温，测温结果显示仍是干式电抗器基础持续发热，较前两次测温显示，A 相干式电抗器基础的西侧根部温度与南侧筏板边界处温度随时间呈下降趋势。

结合三次红外测温及结合现场实际检查，判断 11 号电抗器基础的发热源为干式电抗器底部筏板。

（2）发热原因分析。11 号电抗器接地引下线镀锌扁铁发热分析原因可能为：镀铁锌扁成环，使得在交流磁场中引起环流出现发热；镀锌扁铁为导磁材料，在干式电抗器漏磁场中产生涡流，引起发热。为证明该猜想做如下试验进行验证。

1）环流致热验证。使用钳形电流表测试接地引下线扁铁处电流，若存在较大电流，且各相发热程度与电流值正相关，则可判断为环流致热；将两个"半圆形"扁铁更换为一个C形扁铁，断开其中一条引下线。利用红外热像仪测温或使用钳形电流表测电流，若发热消失或测试无电流，则表明11号电抗器接地扁铁发热为环流引起。

2）涡流致热验证。在发热扁铁附近悬挂同样材质扁铁，红外测温长时间监测悬挂扁铁是否发热。如发热，则可判断为涡流致热；更换镀锌扁铁为非导磁的扁紫铜，红外测温长时间监测扁紫铜未明显发热，则表明扁铁为涡流致热。

检修人员将11号电抗器围栏内外的接地引下线扁铁及与引下线连接的主网扁铁全部更换为高纯度－50X4扁紫铜排。电抗器转投运后进行温度监测，测温结果显示：接地主网及引下线扁紫铜排温度均已降低至正常温度（51℃左右）。红外测温结果见图4-19。

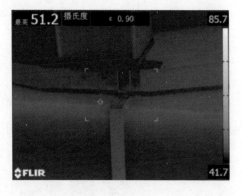

图4-19　接地扁铁更换为扁紫铜后红外图谱

经上述实验可得11号电抗器接地引下线镀锌扁铁发热原因为：导磁性镀锌扁铁在电抗器交变磁场中产生了涡流，引起发热。

（3）混凝土基础发热分析。经红外热像检测已经确认该干式电抗器基础发热源为底部的混凝阀板。该阀板由钢筋网架浇筑水泥制成，其厚度为500mm，内部钢筋间距150mm。钢筋交叉连接处使用绝缘护套并进行绝缘绑扎处理，预埋件及阀板钢筋均按照图纸要求未与地网连接，具体结构见图4-20。

通过理论分析可知，阀板内部钢筋彼此绝缘且未与地网连接，无闭合金属环路，没有产生环流引起发热的可能性。对于该现象出现的猜测是：在施工现场因振动混凝土，致使阀门内部出现局部绝缘绑扎的松动或脱落，导致筏板内部钢筋成环。倘若电抗器周围漏磁超出正常范围，易出现环流引起发热。

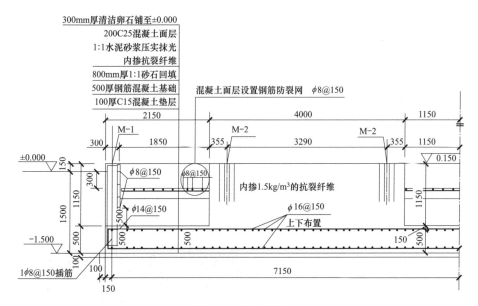

300mm厚清洁卵石铺至±0.000
200C25混凝土面层
1:1水泥砂浆压实抹光
内掺抗裂纤维
800mm厚1:1砂石回填
500厚钢筋混凝土基础
100厚C15混凝土垫层

混凝土面层设置钢筋防裂网 φ8@150

图 4-20　筏板结构

为验证该猜想，检修人员分别将电抗器筏板上下区域开孔，在漏出内部钢筋后进行绝缘测试，测量该出处的接地电阻为 35.3Ω 和 25.4Ω，测试见图 4-21。

图 4-21　筏板钢筋导通性测试

测试结果表明，该筏板钢筋存在导通现象，内部存在金属环。因此，可以得出因施工导致阀板钢筋绝缘性能受损，彼此联通形成金属环，在干式电抗器漏磁环境下产生环流，引起阀板发热，热量由金属预埋件及混凝土向上传导，造成干式电抗器基础发热。

（4）阀板发热仿真验证。为验证上述结论，依据干式电抗器本体、接地系统及阀板结构参数，在 ANSYS 软件中建立仿真模型，并在干式电抗器底部中心设置三类钢筋结构，分别模拟阀板内部钢筋网无金属环路、形成小型环路、形成大型环路三种情况，同时在 ANSYS 软件对阀板所在位置的磁感应强度进行仿真（见图 4-22）。

通过对图 4-22 分析可知，干式电抗器漏磁主要集中于本体正下方位置处。同时，对干式电抗器阀板内部钢筋在三种情况下环流及温度场进行仿真计算，得到阀板内部钢筋温升为：

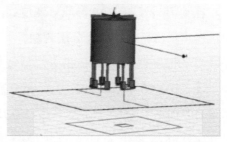

图 4-22　干式电抗器仿真模型

1）不形成金属环路时，预埋钢筋温升很低，只有约 2K。

2）形成小金属环路时，温升在 20K 左右。

3）形成大金属环路时，温升大幅增加，高达 100K。

对上述仿真结果分析可知，干式电抗器正下方阀板位置处磁场强度较集中，同时基础发热程度与阀板内部钢筋形成金属环路的程度有关，金属环路数量越多，环路越大，则阀板温升越高。该仿真结果验证了基础发热原因分析所得出的结论。

### 4.1.4.3　结论

（1）铁磁材料在强磁场中产生环流引起发热，致使接地引下线扁铁发热。解决措施为，将镀锌扁铁更换为紫铜排后，发热现象消失。

（2）因施工过程未严格执行工艺规范，造成绑扎钢筋的绝缘护套出现绝缘受损情况，使得筏板钢筋彼此联通，形成了金属环路，并在干式电抗器下方强漏磁环境中产生环流，同时环流的热效应进一步加剧钢筋网络绝缘受损，使得筏板温度持续升高，并对上层土壤及支柱基座等持续加热，造成电抗器基础出现异常发热现象。解决措施为，电抗器底部基础内钢筋应断环，破坏金属环路，避免发热。

（3）干式电抗器因所处夏季地面平均温度高，并且筏板上层土层的保温箱能良好，筏板散热困难，是造成干式电抗器停运后基础持续发热的原因。解决措施为，在干式电抗器特定位置添置散热通风装置。

## 4.1.5 某 750kV 油浸式电抗器套管升高座热相分层故障分析

### 4.1.5.1 故障简介

在某 750kV 变电站 750kV 油浸式高压并联电抗器红外精确测温发现Ⅰ线电抗器出现明显红外热像分层现象，与Ⅱ线电抗器该部位热像存在明显差别。Ⅰ线 C 相电抗器、Ⅱ线 C 相电抗器红外成像（环境温度 18℃）见图 4-23 和图 4-24。图4-23 中Ⅰ线电抗器 C 相升高座红外热像中热点温度约为 45.3℃，热像分界面上下温差约 3.2K，热点温升约 17.3K。图 4-24 中Ⅱ线电抗器 C 相升高座红外热像中未见明显热像分层变化，热点温度约 41.2℃，温升约 13.2K。Ⅰ线 C 相电抗器、Ⅱ线 C 相电抗器两台电抗器升高座热点温升均未超过表 4-10 的温升限值。根据 DL/T 664《带电设备红外诊断应用规范》内表面特征法分析：Ⅰ线电抗器套管升高座存在明显的温度分界面，下部温度较高而上部温度相对较低，而同厂家设备Ⅱ线电抗器未见异常，初步怀疑Ⅰ线电抗器套管升高座位置存在缺陷。

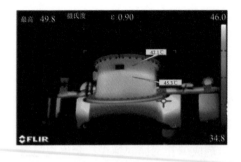 

图 4-23　Ⅰ线 C 相电抗器红外热像图谱　　图 4-24　Ⅱ线 C 相电抗器红外热像图谱

表 4-10　　　　　　　　　油浸式变压器温升限值

| 项目 | 温升限值（K） |
|---|---|
| 顶层绝缘液体 | 60 |
| 绕组平均（用电阻法测量）OF 冷却方式 | 65 |
| 绕组热点 | 78 |

**注**　温升限值是外部冷却介质平均温度为 20℃下的值。

### 4.1.5.2　故障原因分析

引起油浸式电抗器（变压器）套管升高座温升较大的原因主要有以下三方面：

（1）电抗器套管里导体流过交流电流在封闭导体外壳上产生感应电流，由于法兰及螺栓接触电阻大，导致发热严重。

（2）电抗器磁场在套管升高座法兰上形成涡流，并在升高座法兰平面上产生热效应。

（3）热传递时传输不畅引起局部温升增大。升高座内是油纸电容型套管，套管导电杆漏磁在升高座外壳形成涡流热效应极其微弱，可以忽略。图 4-23 和图 4-24 中红外热像图谱特点排除了由于漏磁引起的热效应，所以油浸式电抗器升高座的热源主要由绝缘油热传递而来，热量来源由两部分构成：一部分来自电抗器铁芯损耗产生的热量和电抗器绕组产生的热量，并传递到升高座表面；另一部分是由于升高座内套管导电杆、电流互感器发热而产生的热量传递到升高座表面。若绝缘油循环不畅或局部缺陷，可导致升高座部位异常发热，电抗器铁芯和绕组存在的缺陷也会引起电抗器局部温度升高而导致油温过高，传递到箱体和升高座。利用超声波局放、特高频局放、高频局放、振动成像，以及在线油中溶解气体分析和离线油中溶解气体检测技术进行分析均未发现异常数据，排除了内部接触不良造成的缺陷或故障。为准确分析电抗器升高座异常发热原因，从电抗器内部发热特点、电抗器容量、升高座部位结构特点、利用 FLuent 软件流体温度场进行仿真分析。

Ⅰ线电抗器（型号 BKD-100000/800-110，额定电流 216.55A，套管型号 BRDLW-800/800-4）与Ⅱ线电抗器（型号 BKD-70000/800-110，额定电流 151.6A，套管型号 BRDLW-800/800-4）相同之处为两组电抗器同厂家设备，所用高压套管同厂家同型号、升高座尺寸相同；不同之处为两组电抗器容量不同，通流能力不同，高压套管升高座结构有差异。

红外精确测温时两组电抗器均在相应额定电压下运行。根据热理论分析，Ⅰ线电抗器容量、通流能力较大，故产生热量相对较大，绝缘油热量较高。升高座内套管或电流互感器容量不同，固定方式不同引起图 4-25 中套管电流互感器与升高座壁间隙过小（与Ⅱ线电抗器相同部位相比较）。升高座内部结构存在差异，产生热量大，间隙过小绝缘油流动不畅，散热不均匀易在间隙变小处引起温差界面。图 4-23 中温度分界面与图 4-25 结构中 TA 下沿界面一致。

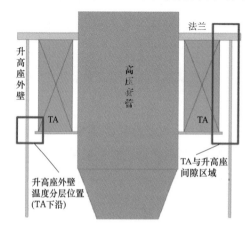

图 4-25　高压套管升高座内部

根据电抗器设备厂家提供升高座部分结构参数，利用 Fluent 对该部位进行流体温度场热量分布仿真计算。仿真计算模型以现场检测时周围环境温度 18℃ 为计算模型的环境温度，18℃时结构件材料属性见表 4-11。仿真计算时假定升高座部位结构件材料密度、比热容和导热系数不随温度变化。

电抗器高压套管升高座内流体温度分布与局部放大温度分别见图 4-26 和图 4-27。

| 表 4-11 | | 材 料 属 性 参 数 | |
|---|---|---|---|
| 材料 | 密度($kg \cdot m^{-3}$) | 比热容$[W \cdot (m \cdot K)^{-1}]$ | 导热率$[J \cdot (kg \cdot K)^{-1}]$ |
| 普通 A3 钢 | 7800 | 50 | 485 |
| 低导磁钢板 | 7800 | 49.8 | 448 |
| 铜 | 8900 | 383.1 | 386 |

套管升高座油流区域，热油来自下部电抗器本体油箱（升高座的主要热源），升高座内无绝缘油流出口，故升高座内绝缘油自然对流。套管升高座外壁低温区位置空间小、热油少且无法快速流动，热油的热量从侧壁面和升高座顶盖散失（散热面积相对较大）又无法补充热量，所以温度较低。升高座外壁

高温区位置空间相对较大且热油较多，热油热量从本体热油传递侧壁面散失（热油量大且散热面积相对较小），因此温度较高。所以在电抗器套管式电流互感器下沿空道变小处温度分界面较明显，Fluent温度分析发现两者相差1.3K左右。

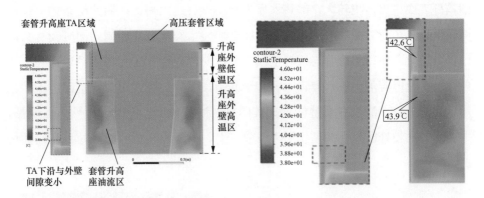

图 4-26　高压套管升高座内流体温度分布　　　图 4-27　局部放大后温度分布

### 4.1.5.3　结论

红外热像能有效发现电气设备缺陷，经容量、通流能力、结构差异等方面对比分析两组电抗器差异性，结合红外热像特征，排除了漏磁涡流损耗引起外壳金属发热的可能性。由于Ⅰ线电抗器升高座内套管式电流互感器挤占升高座内部空间，使自然对流的空间仅有很小的孔道，此处热油的自然对流较弱，热量散热不均匀，因此会引起温度梯度较大变化，该处温升并未超过设备允许限值，不影响设备运行。

建议运行维护人员遇到装有套管式电流互感器的套管升高座红外热像分层界面现象或类似较规律的异常热像时，结合结构、流体温度场、热传递特性综合分析，避免出现误判。

## 4.1.6　某500kV并联电抗器套管故障分析

### 4.1.6.1　故障简介

2019年7月4日20时58分，500kV某线主一集成辅A保护动作、主二集成辅B保护动作，5021、5022断路器三相跳闸，5021DK高抗非电量保护重瓦斯跳闸、油温高报警、绕组温度高报警、轻瓦斯报警、油位异常报警。同时在主控室观察到设备区 500kV 某线高抗 B 相处有明火。经紧急灭火后，检查发现电抗器高压及中性点套管已烧毁（见图 4-28）。

经事后检查可知，油箱整体无裂痕变化；散热器靠近油箱侧有过火痕迹；油箱外表面过火面积较大；散热器靠近油箱侧有过火痕迹；储油柜整体火烧程度较大。高压套管损坏严重，瓷套已完全碎裂，碎片散落四周，同时套管头部已部分熔化，使得与套管连接架空线部分已断开。套管瓷套与法兰连接处金属件炸开，分成若干小块；套管电容芯子露出，部分已烧毁；套管尾部伸入油箱中，无法查看。油箱表面整体过火较明显，油箱箱顶、箱壁表面整体已烧黑，上、下节油箱处密封在高温作用下失效，上、下节油箱箱沿连接处存在漏油情况（见图 4-29）。

图 4-28　高压套管烧后整体情况　　　　图 4-29　高压电抗器油箱情况

## 4.1.6.2　故障原因分析

（1）高压电抗器及套管历史运行情况。通过对故障套管初始资料进行查阅得知，该设备出厂资料、实验报告、现场与交接试验和年度预防性试验均合格。运行过程中，每周、每月对高压电抗器本体、套管的巡检以及导线连接处进行一次性红外测温、红外检查油面报告中，均无异常。

（2）保护情况分析。依据高压电抗器差动保护高压侧、低压侧套管电流互感器数据波形（见图 4-30），因故障点在区外，原因为 B 相电流为零，故障电流呈现穿越电流，导致两套高压电抗器电气量保护不动作，在 16ms 时高压电抗器非电量保护压力释放动作告警，32ms 重瓦斯动作跳 ABC 三相，并同时向主一集成辅 A、主二集成辅 B 保护送远跳命令，对侧开关跳，高压电抗器保护正确动作。

（3）返厂解剖情况。通过对故障电抗器返厂解体发现，电抗器内部组件高抗铁芯、夹件线圈完好，但是污染较为严重；高压套管电容芯子损坏严重，具体现象为：卷制管油中侧距底部 570mm 处有电弧烧痕印迹，在法兰电流互感器筒从上到下开裂 600mm，同时该下沿内部也有多处电弧烧痕印迹并伴有部分法兰破碎（见图 4-31 和图 4-32）。

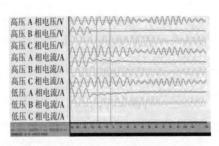

图 4-30  高压电抗器差动保护
高压侧、低压侧套管电流
互感器数据波形

由保护动作情况分析可知，区外故障为高压电抗器保护，区内故障为线路保护，故障测距为所在变电站内。同时，结合现场外观检查发现在套管升高座上存有三处明显的放电痕迹，因此可以推断该故障起始点应在套管中部法兰的上部。套管爆炸起火是由于主绝缘击穿放电，电弧点燃套管内绝缘油。主要原因如下：

图 4-31  卷制管油中侧剧底部电弧痕迹

图 4-32  法兰电流互感器筒开裂痕迹

1）故障应是在运行电压下发生的。通过查阅运行数据、气象资料可知，在故障发生时该高压电抗器所在的 500kV 线路无操作；故障当天，天气阴，该变电站周边地区无落雷记录、线路与高压电抗器的避雷器未动作。由此可以排除大气过电压、操作过电压导致套管故障的可能。

2）通过现场查看，该套管末屏接地装置无放电痕迹，因此可以排查因末屏接地不良导致产生悬浮电位引发故障的可能。

3）该套管电场强度最大的位置在套管升高处（地点位），当套管电容屏的绝缘强度下降至无法承受工作场强时，套管导电管会对升高座放电，形成贯穿性放电通道。该故障下产生的强大短路电流使套管内绝缘油突然气化膨胀，使得套管爆炸。

4）通过现场查看，该套管上的电弧烧蚀痕迹为起始放电点。放电具体途径由内向外发展，导致对电流互感器筒、空气侧法兰地电位击穿。该故障发生的原因可能是绝缘纸夹杂异物导致电容屏局部发生电场畸变，使得在运行电压长期作用下发生局部放电，逐步由内向外发展为绝缘击穿。

### 4.1.6.3 建议措施

（1）对运维人员定期组织开展套管事故起火的安全消防演练，配合设备停机时消防系统的喷淋试验，保证消防系统可以手动启动、远方启动。

（2）对技术管理人员严格落实套管运行规范准则，同时修编"一站一册"的运维防控措施与应急处置方案。

（3）依据年度计划、季度计划对各变电站进行主变电站进行主变压器、高压电抗器及套管末屏的工作时，在拆开末屏后应检查末屏接地状况，同时恢复原状时须确保套管末屏接地良好。

（4）严格按照 Q/CSG 1206007《电力设备检修试验规程》，持续对套管做好预防性试验管理。

（5）持续推进对 15 年以上的老旧套管的状态评估，结合停电补充开展介电谱测试，对部分套管进行油色谱抽查。

## 4.2 基于声学成像检测技术的故障案例分析

### 4.2.1 特高压变电站电抗器三相异响分析

#### 4.2.1.1 故障现象

某特高压变电站内 2-1 组电抗器的 A、B、C 三相电抗器在工作过程中夹杂着除正常工作以外的异常声音，表现为其响声含有较正常电抗器工作运行噪声频率更高的声音，且声音的频率成分更丰富，可以明显分辨出来有异响。

### 4.2.1.2　声学检测

发生故障后，工作人员使用声学成像法对故障位置进行排查。使用的测试声源系统选用螺旋形传声器阵列，设备由 112 个麦克风通道组成通过波束形成算法，实现声音可视化，具有高动态范围和分辨率的特点，采样率为 48kHz，动态范围 40dB，有效成像频率范围为 450Hz～20kHz，适用于放电、站内设备机械缺陷异响识别等场景。

测试人员先从侧面远处对 2-1 组的三台电抗器进行声学成像测试，成像结果如图 4-33 所示。从侧面的成像结果可以清晰地看出，当前存在异

图 4-33　电抗器远场成像结果
（电抗器底部和顶部）

响的电抗器为 B 相，且异响分布位置主要为电抗器顶部和底部，为了进一步确定故障原因，需对电抗器的底部支撑结构近场声频谱特征进行更精确的成像分析。

### 4.2.1.3　故障原因

从声成像的结果来看。这样的分布可能是由于内部的漏声导致，同时，噪声的频率信息特别丰富，分析认为异响可能是由于电抗器顶部及底部交叉状的支撑钢片和连接支撑杆共振所致。声源位置在电抗器的底部支撑条上，结合频谱特征判断，可能是由于松动等机械问题所致。

## 4.2.2　某特高压变电站 GIS 异响分析

### 4.2.2.1　故障现象

某变电站中多年运行的特高压变电站 GIS 出现异响，频率高于正常工作时的噪声。

### 4.2.2.2　声学检测

工作人员使用的声成像系统采用了由 56 个 MEMS 声学传感器组成的阵

列，使用的声学定位算法为 DAMAS 算法，其中集成式数字采样率为 48kHz，麦克风频率范围为 10Hz～24kHz，阵列直径为 27.0cm，传感器阵列中心位置安装有一台高清摄像头，实现可视化。系统质量仅为 2.6kg，可搭载于大多数变电站巡检机器人本体。图 4-34 为采用声学成像系统得到的定位结果，图中清晰地出现两个声源点，两声源中心分别位于 GIS 设备支撑底座和 $SF_6$ 气体压力表连接处，进一步检查发现，两个位置均存在明显振动点。DAMAS 声学成像算法相比于传统算法定位精度更高，可以区分多个声源点。对比该 GIS 正常运行和出现异响状态的时域波形图，可以得出异响状态时声强最大值显著提高，时域波形图出现间歇性激烈震荡；对比二者频域波形图可以得出 GIS 设备出现异响时，0～3000Hz 范围内变化明显更为剧烈，在 100Hz 及其倍频均出现特征峰，特征峰的强度相差不大。

图 4-34　基于声学成像 DAMAS 技术的波束形成算法

### 4.2.2.3　故障原因

分析得出，异响可能由于 GIS 设备长期运行后，在本体共振力的作用下，GIS 机械零部件出现了局部松动导致异响，建议配合停电检修时进行消缺处理。

## 4.2.3　某电抗器线圈振动导致异响分析

### 4.2.3.1　故障现象

正常电抗器的主要声源是内部线圈在交变电流的激励下振动产生的，该案例的电抗器因壳体支撑结构在制造和安装过程中有些偏差，从而在电抗器线圈的振动激励下，振动幅度较大产生异响。

### 4.2.3.2 声学检测

本案例中，考虑到被测对象为电抗器，其声音频带范围主要为 100～2000Hz，同时考虑阵列的便携性、经济性，工作人员使用的传声器阵列为十字规则阵列，使用 40 个传声器，传声器间距为 0.1m，传声器孔径为 4m，定位采用的算法为波束形成算法。采用研制的声源定位系统对某变电站两台 35kV 空心电抗器（一台运行正常、一台存在异响）的声源进行了定位对比分析，成像结果如图 4-35 所示。根据频谱分析得出，正常电抗器的噪声具有明显的谐波特点，在频率为 100、200、300Hz 时有明显的尖峰，当频率超过 600Hz 后噪声明显降低；对于有异响电抗器声音信号，其频谱也是在 100、200、300Hz 处有明显峰值，谐波特性明显，功率峰值大小基本相同（最大值为 70dB），但在 500Hz 之后相对正常的电抗器峰值较大。频率为 600～2000Hz 时，正常的电抗器功率在 30dB 以下，有异响的功率在 45dB 以上，比正常的电抗器声音功率平均大 15dB，即功率强度大 31 倍。

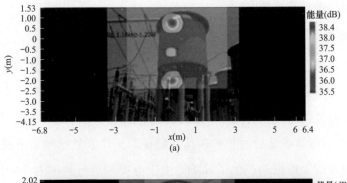

(a)

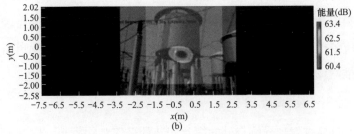

(b)

图 4-35　声成像对比

（a）正常电抗器声成像；（b）异响电抗器声成像

### 4.2.3.3 故障原因

声成像显示异响源为电抗器支撑装置与底座连接处，验证了异响位置的推算结果，电抗器异响可能是由于电抗器的壳体支撑结构振动产生的。异响的声信号可能为600~2000Hz的宽频噪声，原因可能是壳体支撑结构在制造和安装过程中有些偏差，从而在电抗器线圈振动的激励下，振动幅度较大，产生异响。该电抗器经加固底座，异常响声消除，从而验证了声成像的有效性。

## 4.2.4 某500kV变电站电抗器异响

### 4.2.4.1 故障现象

某500kV变电站在运行的一年时间内，其运行人员反映在其中一台电抗器存在不明异响，但因干式电抗器运行中存在较大的背景噪声，同时存在较强的涡旋磁场辐射，导致人员无法近距离通过人耳分辨异响具体发生点。因此现场急需一种能够在人员不靠近运行中的电抗器且有明显背景噪声的情况下，能够明确测量出异响点的检测方法。

### 4.2.4.2 声学检测

技术人员采用自适应LMS滤波算法以提取环境噪声中夹杂的有效故障声信号，滤波效果见图4-36，LMS滤波算法成功滤除了电抗器运行中的运行噪声，输出了希望得到的异响信号，并且进一步频谱分析得到异响信号的频率约为53.671Hz。根据滤波后的异响声信号特征，工作人员推测是电抗器某处因简谐振动引发的受迫振动产生了异响。由于电抗器运行频率为50Hz，若考虑其他谐波频率叠加，则该受迫振动频率会大于50Hz。现场轮流比较八段音频文件所对应输出的异响信号，最终发现靠3号电抗器侧的观测噪声信号幅值最大，因此推测该处的附件存在异响。

### 4.2.4.3 故障原因

技术人员检查发现异响点处的螺丝安装处未安装缓震垫，因其安装工艺不良且由于存在共振，导致安装螺丝存在不同程度的松动，故而振动异响。在确认了异响点及其产生的原理后可知，随后技术人员对螺丝安装处添加缓震垫后紧固处理，处理后在第二日电抗器送电后，运行人员现场核实，运行中已无异响，可以确认异响消除。

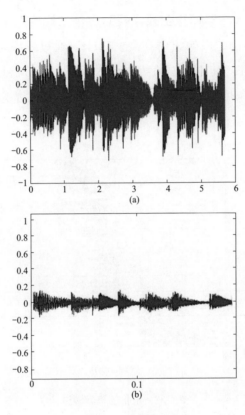

图 4-36  LMS 滤波效果

（a）噪声信号；（b）降噪信号

## 4.2.5  某变电站干式铁芯电抗器异响分析

### 4.2.5.1  故障现象

某 110kV 变电站运维人员巡视发现该站 2 号干式铁芯电抗器发出异常声响，声响与振动非常强烈。运维人员对 2 号干式铁芯电抗器进行带电检测，红外测温显示电抗器温度分布均匀，无明显过热点，紫外检测未发现放电现象。根据现场观察，2 号电抗器发出强烈低沉的"嗡嗡"声，且声音持续平稳。

### 4.2.5.2 声学检测

根据现场现象推断，2 号电抗器可能存在机械性缺陷，对 2 号电抗器开展声学检测。在 0～24kHz 全频段检测时，电抗器声学频谱如图 4-37 所示，电抗器各个部位的声响集中在 0～8kHz。通过频段筛选发现，当频段为 3.9～7.2kHz 时，其他部位的声响云图消失，电抗器地脚固定处出现明显的声学异常。声响云图如图 4-38 所示，该对应位置为电抗器地脚固定螺栓。

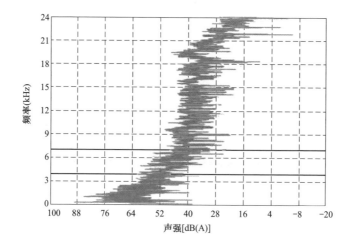

图 4-37　电抗器声学频谱

图 4-38　声响云图

### 4.2.5.3　故障原因

结合电抗器声学频谱和声响云图初步判断故障为干式变压器地脚固定螺母松动引起设备振动加剧，从而出现声响过大的情况。停电对该电抗器进行检修，在检查过程中发现，电抗器地脚固定螺栓严重松动，并存在滑丝现象。更换螺栓，并对其他结构连接处进行检查和紧固后，设备复役，电抗器异响消失。

# 参 考 文 献

[1] 黄斌，徐姗姗，田国稳，阮班义，等．干式空心并联电抗器故障原因分析及防范措施 [J]．电力电容器与无功补偿，2019，40（04）：76-79＋87.

[2] 李阳林，万军彪，黄瑛．10kV干式空心串联电抗器故障原因分析 [J]．电力电容器与无功补偿，2011，32（03）：58-61.

[3] 李威，张文明，董泉，胡润阁，等．66kV干式空心电抗器短路故障的分析与处理 [J]．电力电容器与无功补偿，2021，42（03）：50-55.

[4] 周秀，田天，罗艳，马云龙，等．一起干式电抗器接地及基础发热问题分析 [J]．电力电容器与无功补偿，2019，40（06）：73-78.

[5] 刘威峰，周秀，马云龙，罗艳，田天．750kV油浸式电抗器套管升高座热像分层原因分析 [J]．宁夏电力，2021（03）：46-49.

[6] 杨绍远，杨雪飞．500kV并联电抗器套管故障原因分析及防范措施 [J]．电工技术，2021（11）：171-173.

[7] 陈图腾．特高压直流平波电抗器运行状态研究 [M]．北京：中国水利水电出版社，2016.